엄마표
집콕
놀이책

누리과정에서 초등 교육 과정까지 슬기로운 **집콕 놀이** 베스트 35

엄마표

집콕 놀이책

서정은·서정현 지음 | 정다운 그림

휴먼H에듀

잘 노는 아이가 공부도 잘합니다

현장 체험 학습을 다녀오는 길에 아이들이 "선생님! 오늘은 왜 안 놀아요?" 묻습니다. 아침 9시부터 오후 4시까지 놀이공원에 가서 동물도 실컷 보고 공놀이도 한참 했는데 아이들은 여전히 놀이에 갈증을 느낍니다. 교실에서 자유롭게 친구들과 놀이한 뒤 정리 시간이 되어도 "선생님! 오늘은 왜 이렇게 조금밖에 안 놀아요?"라며 아쉬워 합니다. 집에서도 그만 놀고 자라고 하면 갑자기 눈을 동그랗게 뜨며 애써 졸리지 않은 척하지요.

"아이들에게 뛰지 말라고 하는 건 심장에게 뛰지 말라고 하는 것과 같다.", "길을 잃은 아이는 울면서도 계속 반딧불이를 잡는다.", "새들은 날아다니고 물고기는 헤엄을 치고 아이들은 놀이를 한다."와 같은 말이 있듯이 아이들에게 놀이란 본능적인 것입니다. 아이들은 하고 싶은 것을 친구와 함께 오늘도 내일도, 어쩌면 더 오랫동안 하고 싶어 합니다. 놀이가 오늘 모두 완성된 것처럼 보이지만 아이들에겐 그렇지 않을 수 있습니다. 때가 되면 밥을 먹고 잠을 자야 하듯 아이들은 충분히 놀아야 합니다. '놀이'는 먹어야 하고 자야 하는 것처럼 아이들에게 당연한 것입니다. 아이들이 정상적으로 잘 성장하고 있다는 것을 알려 주는 증거이기도 하지요. 〈유엔 아동 권리 협약〉에서도 세계 모든 아이들의 '놀 권리'를 명시하고 있습니다.

우리 아이들은 놀면서 온 몸으로 세상을 배웁니다. 울퉁불퉁한 잔디밭을 달리다 넘어지면서 대근육이 발달하는 동시에 신체 조절력이 생기고, 친구와 다투고 화해하며 감정을 적절히 조절하고 소통할 줄 알게 됩니다. 바람 부는 봄날, 눈앞에서 흰 눈처럼 흩어지는 벚꽃 잎을 보며 자연의 고마움과 아름다움을 느낍니다. 평소에 좋아하는 과자 이름이 봉지에 어떻게 쓰여 있는지 궁금해지기 시작하며 문자를 터득하고, 비 온 뒤 집 앞에서 우연히 발견한 지렁이에 몰입하면서 호기심과 탐구하는 힘이 생깁니다.

누구도 뛰라고 가르친 적은 없지만 아이들은 으레 뜁니다. 뛰는 것도 아이들에게는 재미있는 놀이 그 자체입니다. 누가 계획해서 굳이 가르쳐 주지 않아도 아이들은 놀이 속에 빠져들어 스스로 성장하고 발달합니다. 아이들은 말로 표현하는 것이 미숙할 뿐 다 계획이 있고 생각이 있습니다. 아이들의 놀이가 유치하고 단순해 보일지라도 그 자체로 인정받아야 합니다. 단순한 놀이를 반복해야만 수준 높은 놀이로 발전해 나갈 수 있기 때문입니다. 특히 아이가 놀이 속에서 주인공이 되어 보는 경험이 쌓일 때 놀이의 효과는 빛을 발합니다. 놀이의 과정에서 아이들은 무궁무진한 경험을 하고, 이를 은연중에 자신의 일상생활에 적용하며 근사한 성인으로 성장합니다.

이제 우리 아이들에게 "괜찮아."라고 말해 보면 어떨까요? "놀고 싶은 만큼 놀아도 괜찮아. 옷에 흙이 엄청 많이 묻어도 괜찮아. 모기에 물리면 어때? 그것도 괜찮아. 집이 엉망이 돼도 괜찮아. 다 괜찮아!"라고 말입니다.

2021년 4월
서정은·서정현

차례

몸을 움직이며 건강하고 튼튼해지는 놀이

말과 글에 관심을 가지며 의사소통 능력이 향상되는 놀이

우리 아이 놀이 고민,
집콕 놀이로 해결하세요

Q. 아이와 잘 놀아 준다는 게 무엇인지 늘 헷갈리고 제대로 놀아 주고 있는지 불안합니다.
올바르고 적절한 놀이의 판단 기준은 무엇일까요?

A. 아이들은 놀이를 통해 배운다는 사실을 기억하고 유치원 교육 과정을 신뢰하세요.

부모라면 늘 아이의 놀이에 대해 고민합니다. 함께 시간을 많이 보내지 못해서, 더 좋은 놀이 방법을 찾아 주지 못해서 전전긍긍하지요. 교육적인 의도를 갖고 무언가를 계속 설명해 주며, 새로 생긴 키즈 카페나 박물관에 데리고 가는 것이 부모의 역할이자 의무라고 생각할 수도 있습니다. 비싼 장난감을 사 줘야 하나, 놀이 학원에 보내야 하나, 번번이 마음이 흔들리기도 하지요.

부모는 자신이 바라는 우리 아이의 미래상이 유치원 시기의 진정한 놀이로 가능하다는 것과 잘 노는 아이가 성공한다는 사실을 먼저 받아들여야 합니다. 놀이를 통한 배움의 의미를 새롭게 정립하는 것이죠. 또한 우리 아이가 행복한 성인으로 자라길 바란다면 대한민국에서 내로라하는 유아 교육 전문가들이 오랜 시간 동안 공들여 만들어 낸 유치원 교육 과정을 신뢰해야 합니다. 주변의 어떠한 정보들보다 제대로 된 교육 과정을 살펴보고, 이를 기준으로 삼으세요. 과거의 유치원 교육 과정은 아이에게 '가르쳐야 할 내용'에 집중했다면, 현재의 유치원 교육 과정은 '유아가 스스로 놀이하며 배우는 경험'의 중요성을 강조하고 있습니다. 이 책은 유아 교육 전문가가 현재의 유치원 교육 과정인 '2019 개정 누리과정'을 면밀히 분석하고 이를 바탕으로 마련한 130여 가지의 놀이를 담았습니다. 교육 과정에 따른 영역별 놀이를 통해 우리 아이가 하고 싶은 놀이를 마음껏 하면서 놀이의 주인공이 된다면, 현재 유치원 교육 과정이 목표로 삼는 '건강한 사람, 자주적인 사람, 창의적인 사람, 감성이 풍부한 사람, 더불어 사는 사람'으로 잘 성장할 것입니다.

Q. 놀 때는 시간 가는 줄 모르고 좋아하는데 학습지만 시작하면 금방 집중을 못 해요. 아이가 마냥 놀기만 해도 될까요?

A. 우리 아이의 속도와 방향을 믿으세요.

부모는 놀 때는 놀더라도 공부할 때는 공부했으면 하고 바랍니다. 아이가 즐겁게 노는 모습에 기쁘다가도 너무 놀기만 하는 것은 아닐까 하는 못마땅함이 마음 한편에 있지요. 놀이를 아이에 대한 평가 기준으로 삼기도 합니다. 하원길에 다른 아이들은 근사하게 머리띠를 만들어 쓰고 오는데 우리 아이만 빈손이라면 유치원에서 무슨 일이 있었는지, 왜 만들기를 안 했는지 끊임없이 질문합니다. 그러나 아이는 부모가 질문하는 의도를 곧바로 알아차립니다. 부모의 불안도 그대로 느끼게 되지요. 만들기 대신 더 좋아하는 놀이를 한 것을 잘못한 행동으로 느끼고 내일은 유치원에서 만들기부터 하고 놀아야 한다고 생각합니다. 어떤 아이에게는 즐거운 만들기가 우리 아이에게는 엄마의 밝은 표정을 위한 과제가 되어 버리는 것입니다.

학습지는 놀이처럼 흥미롭지 않기 때문에 금방 집중을 못 하는 것이 당연합니다. 아이의 바른 성장을 원한다면 무엇보다 우리 아이를 신뢰해야 합니다. 책을 술술 읽어 내는 옆집 아이보다 제 속도를 지키는 우리 아이를 믿으세요. 아이들은 의도적으로 가르치지 않아도 놀이를 통해 스스로 배워 나갈 수 있습니다. 아이가 원하는 놀이에 빠져 있을 때 어떤 표정인지, 어느 정도 놀이가 지속되는지 살펴보세요. 놀이에 몰입하는 경험에 익숙해진 아이들이 초등학생이 되었을 때 스스로 책상에 앉아 집중할 수 있음을 부모님들이 하루빨리 알아야 합니다. 놀면서 키운 집중력이 공부를 할 때도 그대로 발휘될 것입니다.

Q. 놀이 시간과 학습 시간, 쉬는 시간은 어떻게 구성하는 게 적절한가요?

A. 놀이 시간은 여유롭게 확보하세요.

'2019 개정 누리과정'은 아이들이 놀이에 빠져들어 즐길 수 있도록 시간을 여유 있게 확보하는 것을 강조합니다. 1일 4~5시간으로 편성하는 유치원 수업 시간의 절반 이상을 바깥 놀이를 포함해 아이들이 마음껏 놀 수 있도록 권합니다. 반면 최소 8시간 정도 유치원에 머물러야 하는 방과 후 과정반 아이들의 경우에는 쉬는 시간 또한 적절히 배분해야 합니다. 성인이 8시간 동안 휴식 없이 일하는 것과 비교해 보면 아무리 놀이를 좋아한다고 해도 쉬지 않고 노는 것은 아이들의 발달에 적합하지 않기 때문입니다.

노는 데 집중한 아이들은 힘들어 하지도 않고, 쉬겠다고 하지도 않기 때문에 휴식이 꼭 필요하지 않다고 생각할 수 있습니다. 그러나 아이들은 자신이 쉬어야 한다는 사실 자체를 인식하지 못하기 때문에 엄마, 아빠, 선생님의 의도적인 개입이 필요합니다. 동적인 놀이를 했다면 정적인 놀이로 유도하고, 점심 식사와 저녁 식사 시간 사이의 적절한 시간대에는 차분히 앉아 간식을 먹으며 에너지를 가라앉힐 필요가 있습니다. '쉼', '휴식'이라고 해서 반드시 낮잠을 자야 하는 것은 아닙니다. 어린 연령일수록 낮잠이 필요하겠지만 모든 아이가 다 그렇지는 않다는 것을 기억하고 아이에게 적합한 방식으로 휴식을 취하도록 해 주는 것이 중요합니다. 유치원에서도 하루 중 적절한 시간대에 차분히 앉아 간식을 먹고, 조용히 책도 읽으며, 필요한 아이들은 낮잠을 자기도 합니다. '놀이와 쉼'의 적절한 안배를 기억해 주세요.

Q. 다른 집 아이들은 재미있게 하는 놀이를 왜 우리 아이는 시큰둥해 할까요?

A. 내 아이의 흥미와 발달 수준을 인정해 주세요.

인터넷 맘 카페에서 재미있는 놀이를 찾아 준비물과 방법을 살펴보고 야심 차게 준비했지만 정작 우리 아이는 관심 없어 하는 경우가 있습니다. 다른 아이들에게는 폭발적인 반응이 있었던 놀이가 왜 우리 아이에게는 흥미롭지 않은지 실망감마저 들지요. 우리 집 아이는 다른 집 아이와 모습, 성향, 좋아하는 음식, 발달 속도 등 모든 것이 다릅니다. 쌍둥이들도 각기 개성과 능력이 다르듯이 한집에서 크는 아이들도 저마다 취향과 관심, 흥미가 다릅니다. 서로 다른 아이들이기 때문에 재미있어 하는 놀이가 다른 것도 당연하겠지요.

현재 유치원 교육 과정에서 가장 강조하는 것이 '유아 중심'입니다. 유아 중심이란 한마디로 놀이의 주인공이 엄마도 아빠도 아닌, 바로 아이라는 것입니다. 한때 3~5세 아동에게 각 연령별 수

준 차이를 두어 활동을 제안하던 때가 있었습니다. 하지만 최근에는 개별 유아의 발달 수준과 배움의 특성을 그대로 인정하고 있지요. 3세 유아가 경험하고 싶어 하는 놀이를 4세 또는 5세 때까지 기다리게 할 이유가 없으며, 5세 유아가 4세 때 했던 놀이를 다시 한다고 해서 전혀 문제 될 게 없기 때문입니다. 개별 유아를 온전히 인정하고 존중한다는 의미이지요. 엄마와 아빠는 놀이를 제안하기 이전에 내 아이의 특성과 관심을 찬찬히 관찰해 볼 필요가 있습니다. 그리고 다양한 놀이를 시도해 보면서 아이의 흥미를 발견해 나갈 수 있습니다.

Q. 아이와 함께 놀기만 해서는 남는 게 없지 않을까요?
교사만큼은 아니더라도 내 아이의 놀이에 어느 정도 역할을 하고 싶어요.

A. 내 아이의 특성과 능력을 한 줄 메모로 남겨 보세요.

유치원 교육 과정에서는 개별 유아에 대한 교사의 '관찰과 기록'을 중요하게 다룹니다. 유치원 시기의 아이들은 초중고 학생들처럼 시험이라는 것을 치를 수 없기 때문에 성인에 의한 관찰과 기록이 곧 시험 결과와도 같기 때문입니다. 교사들은 이러한 관찰과 기록을 통해 아이들의 놀이를 이해하고 배움을 지원합니다. 엄마와 아빠가 유아 교육을 전공한 교사만큼 전문성이 있지는 않습니다. 그렇지만 집에서 엄마 아빠가 아이에 대한 한 줄 메모를 남겨 보는 것만으로도 효과는 충분합니다.

아이와 함께 놀이하면서 아이를 잘 관찰하는 겁니다. 어떤 말을 하는지, 표정은 어떤지 살펴보고 메모해 두세요. 한 줄이어도 좋습니다. 핵심 키워드만이어도 좋고요. 한 줄 메모가 쌓이면 우리 아이가 어떤 것을 좋아하고 어떤 점이 강점인지가 분명히 보입니다. 어느 순간 우리 아이의 재능을 발견하게 되는 것이지요. 우리 아이를 관찰하고 잠깐의 시간을 투자한 한 줄 메모가 머지않은 미래에, 가족에게는 추억이 될 것이고 주인공인 아이에게는 인생의 선물이 될 것입니다. 이는 단순히 놀이에 적용되는 것을 넘어 아이의 성장과 진로의 선택에도 소중한 길잡이 역할을 해 줄 것입니다.

Q. 집에서는 스마트폰이나 컴퓨터만 보려고 해요.
디지털 기기가 잔뜩 있는 집에서 놀이에 제대로 집중할 수 있을까요?

A. 《엄마표 집콕 놀이책》, 스마트폰의 대안이 될 수 있습니다.

스마트폰의 유해성은 잘 알려져 있습니다. 즉각적인 반응과 빠른 화면이 아이들 뇌 속의 일정 부분만 자극해 나머지 부분을 퇴화시키고 수면 부족, 집중력 손상, 언어·인지 발달 저하 등을 일으킬 수 있다고 하지요. 심할 경우 ADHD(주의력결핍과잉행동장애)의 원인이 된다고도 합니다. 이런 이유로 학부모의 70퍼센트 이상이 첨단 디지털 기술 종사자인 실리콘밸리에서도 자녀들의 디지털 기기 사용을 용납하지 않는 '디지털 제로 교육'이 자리 잡아 가고 있습니다. 디지털 기기 중독은 피할 수 없기 때문에 사용 시간 제한은 대처법이 될 수 없으며 완전한 차단만이 답이라고 판단한 것이지요. 하지만 우리나라 3~9세 유·아동의 스마트폰 의존율은 해를 거듭할수록 높아지고 있습니다. 마땅한 대안이 없는 상황에서 스마트폰만큼 우리 아이를 안전하고 얌전하게 관리해 주는 것이 없기 때문에 부모님들은 울며 겨자 먹기로 스마트폰 노출을 선택할 수밖에 없습니다.

또한 마트에 가면 자동차로 변신하는 로봇, 화려한 드레스를 입고 눈을 깜박이는 인형 등 수많은 상품이 있습니다. 어느 날 새 놀잇감이 필요할 때가 된 것 같아 장난감 하나를 사 줍니다. 원하던 것을 얻은 아이는 신이 나고 집에 가는 동안에도 기분이 너무 좋습니다. 그러나 하루, 이틀이 지나면서 조금씩 흥미를 잃고 급기야 많은 물건 속에 행방이 묘연하도록 방치합니다. 상품화된 놀잇감에 대한 흥미는 이렇듯 오래가지 못합니다. 스마트폰을 이길 수 있는 놀잇감은 이런 상품화된 것들이 아닙니다.

우리 주변에는 스마트폰이나 컴퓨터보다 훨씬 더 매력적이고 흥미로운 놀잇감이 무궁무진합니다. 이불과 베개, 얇은 종이와 두꺼운 종이, 계란판, 택배 상자, 줄 또는 끈 등 아이들이 마음대로 활용해 볼 수 있는 놀잇감이 정답입니다. 종이를 돌돌 말아 긴 막대를 만들던 아이는 종이 막대를 여러 개 이어 붙여 멋진 테이블을 만들고 어느 날은 종이를 비스듬히 말아 붙여 꽃다발을 완성합니다. 점점 매력에 빠져 종이에 대한 탐색과 놀이를 끝없이 이어 갑니다. 이렇게 자기가 생각한 것을 가능하게 하는 놀잇감이 있다면 스마트폰을 이길 수 있습니다. 《엄마표 집콕 놀이책》 속 대부분의 놀잇감은 아이가 생활 속에서 자주 접하는 것들입니다. 그동안 가까이 있었지만 어쩌면

의식하지 못하고 지나친 것들도 있을 겁니다. 이런 놀잇감을 미리 차곡차곡 모아 두는 것은 스마트폰을 아이들 손에 쥐여 주거나 장난감을 사 주는 것보다 조금 더 수고스러울 수 있습니다. 그럴 땐 우리 아이에게 정말 도움이 되는 것이 무엇인지를 생각해야 합니다.

아이에게는 책을 읽으라 하고 엄마 아빠는 스마트폰을 보는 것 또한 하지 않아야 합니다. 아이들은 엄마 아빠의 모습을 그대로 닮는다는 것도 기억해 주세요. 스마트폰은 정말 천천히, 되도록 나중에 접하도록 하며, 접하는 시점부터는 사용의 목적이나 사용 시간에 대한 약속을 정하고 일관되게 지켜 가는 것이 중요합니다. 이런 경험이 쌓이다 보면 엄마 아빠의 손길이 미치지 않을 때에도 자기 스스로 조절할 수 있는 능력이 생깁니다.

Q. 온라인 수업 시대, 초등학교 입학 준비 어떻게 하는 게 좋을까요?

A. 《엄마표 집콕 놀이책》이면 집에서도 충분히 초등학교를 대비할 수 있습니다.

유치원에 안 보내고 있거나 유치원에 보내고 싶어도 원하는 만큼 보낼 수 없는 부모들은 우리 아이가 유치원에 가지 않아 혹시 초등학교 입학 준비에 차질이 생기는 건 아닌지 가장 많이 걱정합니다. 특히 요즘처럼 유치원에 갈 수 없는 날이 더 많아진 경우에는 집에만 있다가 초등학교에 입학할 수도 있습니다. 그러나 걱정하지 말고 이 책에서 소개하는 놀이를 찬찬히 해 볼 것을 권합니다. '2019 개정 누리과정'은 '놀이'를 강조하고 있고, 그 놀이는 가정에서도 충분히 할 수 있는 것들이기 때문입니다. 이 책은 아이와 함께 하는 놀이가 유치원 교육 과정에는 어떤 영역에 해당하고, 초등학교에서는 어떤 교육 활동으로 연계되는지 실었습니다. 책 속에 실린 유치원 교육 과정표를 확인하고 살펴보면서 아이와 함께 놀이한다면 놀이 자체가 정말 값지고 의미 있는 영양분이 될 것입니다. 아이와 놀이를 하면서 더 근사한 놀이가 발현될 가능성도 큽니다. 그렇다면 그것을 인정해 주세요. 아이가 생각하고 계획하는 놀이를 방해하지 않는 선에서 놀이를 자연스럽게 제안하는 것도 좋습니다. 유치원 교육 과정을 바탕으로 잘 구성한 놀이가 초등학교 교육 과정과는 어떻게 연계되는지 이해하고, 아이와 친구가 되어 놀이한다면 초등학교 입학에 필요한 아이의 능력이 충분히 길러질 것입니다.

이 책의 구성과 활용법

놀이 이름
'2019 개정 누리과정'에 따라 5개 영역별로
7가지의 주요 놀이를 엄선했습니다.

1 신체 운동·건강 영역   2 의사소통 영역

3 사회관계 영역   4 예술 경험 영역

5 자연 탐구 영역

놀이에 필요한 것
놀이에 필요한 준비물입니다. 집이나 주변에서
쉽게 구할 수 있는 것들로 구성했습니다.

놀이 전 체크 리스트
놀이를 시작하기 전에 고려할 점이나
유의할 점을 아이와 함께 체크해 보세요.

👍 이런 점이 좋아요!
교육의 바탕과 기준이 되는 유치원 교육
과정과의 연계성은 물론 초등학교 교육과의
연계성도 확인할 수 있습니다. '2015 개정 교육
과정'에서는 1·2학년 모두 〈통합〉 교과서를
사용합니다. 이 책에서는 놀이와 관련된 설명을
위해 교육 과정 영역으로 있는 '바른 생활',
'즐거운 생활', '슬기로운 생활'로 구분지어
사용했습니다. 초등 교육 과정 연계 부분은
차성욱 선생님(수회초등학교 교사)이 검토했습니다.

✿ 관련 유치원 교육 과정
지금 하는 놀이가 유치원 교육 과정 중 어느
영역에 해당하는지 표로 살펴볼 수 있습니다.

1

신발
던지기 놀이

놀이에 필요한 것

(신발) (돗자리)

✓ 놀이 전 체크 리스트	✓ 신발을 이용해 어떤 놀이를 할 수 있을지 아이와 함께 충분히 의논해 보면 좋습니다.
	✓ 아이가 흥미를 느끼는 방향이나 아이가 내는 아이디어로 놀이를 수정할 수 있습니다.
	✓ 처음에는 경쟁이나 목표물 없이 던져 보며 쉬운 방법부터 접근하면 좋습니다.
	✓ 돗자리의 크기를 달리하여 놀이의 난이도를 조절할 수 있습니다.
	✓ 여러 종류의 신발을 활용하면 더 다채롭게 놀이를 즐길 수 있습니다.

👍 이런 점이 좋아요!
신발 던지기 놀이는 이동 운동이면서 제자리 운동이며 동시에 도구를 이용한 운동입니다. 이런 운동을 즐겁게 하면
아이들이 자신의 신체를 조절하며 움직일 수 있습니다. 가족들과 함께 게임처럼 하다 보면 놀이할 때 약속과 규칙이
필요하다는 것을 깨닫고 다른 사람과 더불어 살아가기 위한 태도가 자연스럽게 길러집니다. 아이들은 친구들과 함께
다양한 게임과 신체 활동을 할 때 자신의 신체를 적절히 조절하며 즐겁게 참여할 수 있기 때문에 이 놀이는 초등학교
교육 과정의 '즐거운 생활'과 관련이 깊습니다. 사회관계 속에서 지켜야 할 약속과 규칙을 이해하고 스스로 지키며 더
불어 살아가는 태도를 익히므로 '바른 생활'과도 연결됩니다.

✿ 관련 유치원 교육 과정

신체 운동·건강	신체 활동 즐기기	· 신체를 인식하고 움직인다. · 신체 움직임을 조절한다. · 기초적인 이동 운동, 제자리 운동, 도구를 이용한 운동을 한다. · 실내외 신체 활동에 자발적으로 참여한다.
사회관계	더불어 생활하기	· 약속과 규칙의 필요성을 알고 지킨다.

18

🏐 놀이 속으로 풍덩!

1 신발을 준비해요. 어떤 신발이든 상관없어요.

2 집 근처에 있는 넓은 공간에 나가요. 신발을 살짝 벗어 발끝에 걸쳐요.

🏐 놀이 속으로 풍덩!

사진과 그림, 설명글을 순서대로 따라가며
놀이를 충분히 즐겨 보세요.

🎈 이렇게도 놀 수 있어요!

1 양말 말아 던지고 받기

놀이에 필요한 것 양말, 다양한 크기의 바구니

1 양말을 돌돌 말아요.

2 적당한 거리에서 양말을 던져요. 던져진 양말을 다양한 크기의 바구니로 받아요.

3 집에 있는 물건으로 골대를 만들어 골인을 시켜 보아요.

🎈 이렇게도 놀 수 있어요!

변형된 놀이나 응용할 수 있는 놀이를
2~3가지씩 더 실었습니다. 준비물과 설명을
확인하고 놀이를 자유롭게 확장해 보세요.

나의 집콕 놀이 다이어리

놀이가 결과물이나 놀이하는 모습을 사진이나 그림으로 기록해 보세요.
아이와 함께 기록해도 좋습니다.

나의 집콕 놀이 다이어리

놀이를 하는 과정이나 놀이로 만들어진 결과물을
사진으로 찍어 붙여 두면 나만의 특별한 놀이 기록장이
됩니다. 또한 놀이의 과정에서 발견되는 아이의 특성이나
기억할 만한 내용들을 한 줄 메모로 기록해 두면 소중한
우리 아이의 성장 기록이 될 것입니다.

집콕 놀이 팁

쏙쏙 정보

집콕 놀이 팁

놀이의 과정에서
맞닥뜨리는 궁금증이나
자주 일어나는 문제에 대한
꿀팁을 알려드립니다.

쏙쏙 정보

놀이에 대한 다채로운
정보를 확인할 수 있습니다.

1

몸을 움직이며
건강하고
튼튼해지는 놀이

놀이 목록

1 신발 던지기 놀이

2 신문지 골대 놀이

3 줄 놀이

4 이불 베개 징검다리 놀이

5 계란판 삼목 놀이

6 고리 던지기 놀이

7 우리 집 요리사

이 장에서 소개하는 놀이는 아이들이 자신의 몸에 관심을 가지고, 신체 활동에 즐겁게 참여하며,
건강하고 안전한 생활을 해 나가는 다양한 경험과 관련이 깊습니다.

1

신발
던지기 놀이

🎒 놀이에 필요한 것

(신발) (돗자리)

**놀이 전
체크 리스트**

✓ 신발을 이용해 어떤 놀이를 할 수 있을지 아이와 함께 충분히 의논해 보면 좋습니다.

✓ 아이가 흥미를 느끼는 방향이나 아이가 내는 아이디어로 놀이를 수정할 수 있습니다.

✓ 처음에는 경쟁이나 목표물 없이 던져 보며 쉬운 방법부터 접근하면 좋습니다.

✓ 돗자리의 크기를 달리하면 놀이의 난이도를 조절할 수 있습니다.

✓ 여러 종류의 신발을 활용하면 더 다채롭게 놀이를 즐길 수 있습니다.

👍 이런 점이 좋아요!

신발 던지기 놀이는 이동 운동이면서 제자리 운동이며 동시에 도구를 이용한 운동입니다. 이런 운동을 즐겁게 하면 아이들이 자신의 신체를 조절하며 움직일 수 있습니다. 가족들과 함께 게임처럼 하다 보면 놀이할 때 약속과 규칙이 필요하다는 것을 깨닫고 다른 사람과 더불어 살아가기 위한 태도가 자연스럽게 길러집니다. 아이들은 친구들과 함께 다양한 게임과 신체 활동을 할 때 자신의 신체를 적절히 조절하며 즐겁게 참여할 수 있기 때문에 이 놀이는 초등학교 교육 과정의 '즐거운 생활'과 관련이 깊습니다. 사회관계 속에서 지켜야 할 약속과 규칙을 이해하고 스스로 지키며 더불어 살아가는 태도를 익히므로 '바른 생활'과도 연결됩니다.

🔗 관련 유치원 교육 과정

신체 운동·건강	신체 활동 즐기기	• 신체를 인식하고 움직인다. • 신체 움직임을 조절한다. • 기초적인 이동 운동, 제자리 운동, 도구를 이용한 운동을 한다. • 실내외 신체 활동에 자발적으로 참여한다.
사회관계	더불어 생활하기	• 약속과 규칙의 필요성을 알고 지킨다.

🎾 놀이 속으로 풍덩!

1 신발을 준비해요. 어떤 신발이든 상관없어요.

2 집 근처에 있는 넓은 공간에 나가요. 신발을 살짝 벗어 발끝에 걸쳐요.

3 발을 차올려서 신발을 멀리 던져 보아요. 어디로 얼마나 날아가는지, 어떻게 해야 멀리 날아가는지 살펴보아요.

4 익숙해지면 돗자리를 적당한 거리에 펼쳐 놓아요. 돗자리 안에 신발이 들어가도록 던져 보아요.

🎈 이렇게도 놀 수 있어요!

1 양말 말아 던지고 받기

놀이에 필요한 것 양말, 다양한 크기의 바구니

1 양말을 돌돌 말아요.

2 적당한 거리에서 양말을 던져요. 던져진 양말을 다양한 크기의 바구니로 받아요.

3 집에 있는 물건으로 골대를 만들어 골인을 시켜 보아요.

2 양말을 던져 맞춘 그림 표현하기

놀이에 필요한 것 양말, 도화지

개굴개굴~

1 도화지에 원하는 그림 (동물, 음식, 얼굴 표정, 원하는 식사 메뉴 등)을 그려 넣어요.

2 그림을 매트 또는 바닥에 붙여요.

3 적당한 거리에서 돌돌 만 양말을 그림판에 던져요. 손으로 던질 수도 있고, 발가락을 이용해 던져 볼 수도 있어요.

4 양말이 떨어진 곳에 그려진 사물의 모양이나 느낌을 몸으로 표현해 보아요.

③ 여러 종류의 신발로 도전해 보기

슬리퍼, 운동화, 장화, 구두, 가족들의 신발

1. 여러 종류의 신발을 준비해요.
2. 신발을 바꿔 가며 발로 멀리 던져 보아요.
3. 어떤 신발이 제일 멀리 가는지 살펴보아요.
4. 가족들의 신발로도 놀이해 보아요.

나의 집콕 놀이 다이어리

놀이의 결과물이나 놀이하는 모습을 사진이나 그림으로 기록해 보세요.
아이와 함께 기록해도 좋습니다.

말풍선: 가장 높은 점수로 골~인!

신문지 골대 놀이

🎒 놀이에 필요한 것

신문지 | 탁상 달력 | 필기도구 | 가위 | 포스트잇 | 볼풀 공 | 스카치테이프

✍️ 놀이 전 체크 리스트

✓ 신문지를 활용해서 어떤 놀이를 할 수 있을지 아이와 함께 충분히 의논해 보면 좋습니다.

✓ 아이가 흥미를 느끼는 방향이나 아이가 내는 아이디어로 놀이를 수정할 수 있습니다.

✓ 거리를 조절해서 쉬운 방법부터 접근하면 좋습니다.

✓ 놀이에는 규칙이 있으며, 질 수도 있다는 것을 이해하고 받아들일 수 있도록 도와주세요.

👍 이런 점이 좋아요!

인터넷 매체로 인해 종이 신문의 활용도가 낮아졌지만 신문지는 여전히 아이들을 위한 놀이 소재로 부족함이 없습니다. 신문지 골대라는 목표 지점을 향해 자신의 신체를 적절히 조절하면서 대근육이 발달합니다. 게임 형태의 놀이를 통해 약속과 규칙을 지키려고 노력하다 보면 더불어 생활하는 사회관계도 형성됩니다. 점수판을 활용한다면 물체를 세어 보는 수학적 탐구 능력이 자연스럽게 길러질 수 있습니다. 이 놀이는 아이들이 자신의 신체를 적절히 조절해 가며 즐겁게 참여하는 초등학교 교육 과정의 '즐거운 생활'과 관련이 깊습니다. 사회관계 속에서 지켜야 할 약속과 규칙을 이해하고 스스로 지키다 보면 더불어 살아가는 데 필요한 태도를 익히게 되므로 '바른 생활'과도 연결됩니다. 점수판을 활용하며 '수학'의 수의 체계와 연산도 익힐 수 있습니다.

🔷 관련 유치원 교육 과정

신체 운동·건강	신체 활동 즐기기	• 신체를 인식하고 움직인다. • 신체 움직임을 조절한다. • 기초적인 이동 운동, 제자리 운동, 도구를 이용한 운동을 한다. • 실내외 신체 활동에 자발적으로 참여한다.
사회관계	더불어 생활하기	• 약속과 규칙의 필요성을 알고 지킨다.
자연 탐구	생활 속에서 탐구하기	• 물체를 세어 수량을 알아본다.

놀이 속으로 풍덩!

1 신문지 한 장을 반으로 접고 가위로 오려 내어 큰 구멍을 만들어요.

2 큰 구멍이 생긴 신문지를 스카치테이프로 책상다리 또는 방문에 붙여요. 문이 닫혀 다치지 않도록 조심해요.

3 탁상 달력을 반으로 잘라요.

4 포스트잇에 0~10까지의 수를 두 세트 적은 뒤, 자른 달력의 양쪽에 순서대로 붙여요. 숫자 쓰는 것을 어려워하면 엄마 아빠가 도와주어요.

5 가족과 함께 편을 나누고 번갈아 가며 신문지 골대에 볼풀 공을 던져요. 골인하면 1점씩 점수판을 넘기고 누군가 먼저 10점이 되면 게임이 끝나요.

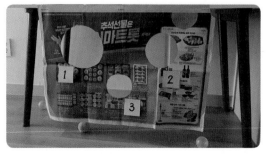

6 신문의 구멍 크기를 다르게 오려 낸 뒤, 작은 구멍일수록 높은 점수를 주며 놀이해요.(가장 작은 구멍은 3점, 가장 큰 구멍은 1점)

🎈 이렇게도 놀 수 있어요!

1️⃣ 신문지 구멍으로 비행기 날리기

놀이에 필요한 것 구멍을 낸 신문지, 직사각형 색종이

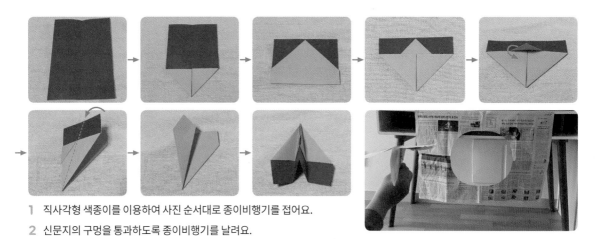

1 직사각형 색종이를 이용하여 사진 순서대로 종이비행기를 접어요.

2 신문지의 구멍을 통과하도록 종이비행기를 날려요.

2️⃣ 신문지 구멍으로 찰칵

놀이에 필요한 것 구멍을 낸 신문지, 크레파스

1 신문지의 구멍을 얼굴이라고 생각하고 구멍 주변을 크레파스로 다양하게 꾸민 뒤, 책상다리 또는 방문에 붙여요.

2 구멍 뒤쪽에서 얼굴을 넣고 재미있는 표정을 지어 보아요.

3 가족들과 함께 사진으로 찰칵 찍어요.

③ 신문지 골프

놀이에 필요한 것 신문지, 스카치테이프, 색 테이프, 공

1 신문지 한 장을 돌돌 말아 스카치테이프로 붙여 긴 막대를 만들어요. 두 장으로 만들면 더 튼튼해요.

2 색 테이프로 바닥에 길과 네모 모양의 골대를 만들어요.

3 공이 색 테이프 길을 따라 네모 모양의 골대에 들어갈 수 있도록 신문지 막대로 쳐 보아요. 힘을 잘 조절해야 해요.

4 책이나 블록으로 길을 만들어서 해 볼 수도 있어요.

나의 집콕 놀이 다이어리

놀이의 결과물이나 놀이하는 모습을 사진이나 그림으로 기록해 보세요. 아이와 함께 기록해도 좋습니다.

3

줄 놀이

 놀이에 필요한 것

긴 줄 또는 줄넘기 2개   물컵

**놀이 전
체크 리스트**

✓ 줄을 활용해서 어떤 놀이를 할 수 있을지 아이와 함께 충분히 의논해 보면 좋습니다.

✓ 아이가 흥미를 느끼는 방향이나 아이가 내는 아이디어로 놀이를 수정할 수 있습니다.

✓ 줄의 길이와 굵기에 따라 놀이의 난이도가 달라질 수 있습니다.

✓ 도중에 포기하지 않고 줄의 끝까지 걸을 수 있도록 도와주세요.

👍 이런 점이 좋아요!

줄은 직선, 곡선, 세모, 네모 등 여러 가지 선과 모양을 만들 수 있는 놀잇감입니다. 줄을 이용해서 다양한 선과 모양을 만들어 줄 따라 걷기 놀이를 하면 중심을 잡으려고 자신의 신체를 적절히 움직이는 데 집중하므로 대근육이 발달합니다. 이러한 기초적인 이동 운동은 징검다리 건너기, 달리기와 같은 좀 더 난이도 있는 신체 활동의 준비 단계입니다. 이 놀이는 아이들이 자신의 신체를 적절히 조절해서 게임 등 다양한 신체 활동에 즐겁게 참여하는 초등학교 교육 과정의 '즐거운 생활'과 관련이 깊습니다.

**관련 유치원
교육 과정**

신체 운동·건강	신체 활동 즐기기	• 신체를 인식하고 움직인다. • 신체 움직임을 조절한다. • 기초적인 이동 운동, 제자리 운동, 도구를 이용한 운동을 한다. • 실내외 신체 활동에 자발적으로 참여한다.

🐝 놀이 속으로 풍덩!

1 긴 줄을 바닥에 직선으로 놓고 그 위를 평소의 걸음걸이 보폭으로 걸어 보아요.

2 긴 줄 위를 발 길이만큼 걸어 보아요.

3 긴 줄 위를 꽃게처럼 옆으로 걸어 보아요.

4 긴 줄 위를 뒤로 걸어 보아요.

5 긴 줄을 바닥에 원하는 모양으로 놓고 다양한 방법으로 걸어 보아요.(앞으로, 뒤로, 옆으로, 발 길이만큼 걸어요.)

6 물컵에 물을 담아 들고 물이 쏟아지지 않도록 조심조심 줄을 따라 걸어 보아요. 물의 양, 컵의 종류(큰 플라스틱컵, 작은 유리컵 등)를 달리하면 놀이의 난이도가 달라질 수 있어요.

🎈 이렇게도 놀 수 있어요!

1️⃣ 지렁이 줄 뛰어넘기

> 놀이에 필요한 것 긴 줄 또는 줄넘기

   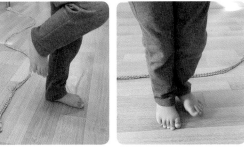

1 긴 줄의 한쪽 끝을 식탁 또는 책상 다리에 묶어요.

2 가족 중 한 명은 긴 줄의 다른 한쪽 끝을 잡고 오른쪽 왼쪽으로 반복해서 흔들어요.

3 흔들리는 줄에 걸리지 않도록 다양한 방법으로 뛰어넘어 보아요.(한 발씩 뛰어넘기, 두 발 모아 뛰어넘기 등)

호잇짜!

2️⃣ 줄 안팎 뛰기

> 놀이에 필요한 것 색 테이프, 가위

1 우리 집 바닥에 색 테이프로 2개의 선을 붙여요. 2개의 선을 밟지 않고 안쪽으로 걸어 보아요.

2 2개의 선 안팎을 번갈아 가며 두 발 모아 뛰기를 해 보아요.

③ 엄마 아빠 발등 밟고 걷기

놀이에 필요한 것 색 테이프, 가위

1 엄마 아빠의 발등을 밟고 손을 잡은 뒤, 색 테이프 길을 따라 걸어 보아요.

2 마주 보고 걸어도 되고 같은 방향을 보고 걸어 볼 수도 있어요.

나의 집콕 놀이 다이어리

놀이의 결과물이나 놀이하는 모습을 사진이나 그림으로 기록해 보세요.
아이와 함께 기록해도 좋습니다.

4

이불 베개 징검다리 놀이

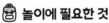 **놀이에 필요한 것**

[이불 여러 개] [베개 여러 개]

놀이 전 체크 리스트

✔ 이불과 베개를 활용해서 어떤 놀이를 할 수 있을지 아이와 함께 충분히 의논해 보면 좋습니다.

✔ 아이가 흥미를 느끼는 방향이나 아이가 내는 아이디어로 놀이를 수정할 수 있습니다.

✔ 집에 있는 이불과 베개 외에 발 매트, 쿠션 등을 활용할 수도 있습니다.

✔ 처음에는 손을 잡아 주는 등 쉽게 할 수 있도록 도와주어 자신감과 성취감을 느끼도록 해 주세요.

👍 이런 점이 좋아요!

이불과 베개는 아이가 태어나는 순간부터 매일 사용하는 물건입니다. 친숙한 이불과 베개를 활용해서 징검다리를 만들고 건너는 놀이를 하다 보면 흔들리는 이불과 베개 위에서 중심을 잡으려고 자신의 신체를 적절히 움직이며 집중합니다. 이러한 기초적인 이동 운동은 실제 징검다리를 두려워하지 않고 안전하게 건너고 두 발 자전거를 타기 위해 중심을 잡는 등의 실제 생활에 자연스럽게 적용할 수 있습니다. 이 놀이는 아이들이 자신의 신체를 적절히 조절해 게임 등 다양한 신체 활동에 즐겁게 참여하는 초등학교 교육 과정의 '즐거운 생활'과 관련이 깊습니다.

관련 유치원 교육 과정

신체 운동·건강	신체 활동 즐기기	• 신체를 인식하고 움직인다. • 신체 움직임을 조절한다. • 기초적인 이동 운동, 제자리 운동, 도구를 이용한 운동을 한다. • 실내외 신체 활동에 자발적으로 참여한다.

🏐 놀이 속으로 풍덩!

1 이불과 베개를 쌓아 올린 뒤 그 위에 서서 중심을 잡아 보아요.

2 조금씩 조금씩 더 높이 쌓아 올린 이불과 베개 위에서 중심을 잡아 보아요.

3 이불과 베개를 이용해서 다양한 형태의 징검다리를 만들어요.

4 징검다리를 건너 보아요. 처음에는 엄마 아빠 손을 잡고 건널 수도 있어요.

5 옆으로도 걸어 보아요.

6 폴짝 뛰어 보아요.

🎈 이렇게도 놀 수 있어요!

간다~!

1️⃣ 이불 나라 놀이 동산

놀이에 필요한 것 이불, 베개, 인형

1 이불 또는 베개 위에 올라간 뒤 가족이 끌어 주는 이불 썰매를 타요.

2 가족 중 두 명이 양쪽에서 이불을 잡고 올려 오른쪽 왼쪽으로 흔들어 이불 그네를 탈 수도 있어요. 내가 좋아하는 인형도 썰매와 그네에 태워 보아요.

2️⃣ 내가 태어났을 때

놀이에 필요한 것 아기 이불에 싸여 있던 내 모습 사진, 이불

1 아기 이불에 싸여 있던 내 모습 사진을 보며 어떤 느낌인지 이야기해 보아요.

2 아기 때처럼 이불로 싸인 뒤 어떤 느낌인지, 왜 아가들은 이불로 꽁꽁 싸야 하는지 생각해 보아요.

3 이불 위에 누운 뒤 이불을 돌돌 말며 굴러서 애벌레로 변신해 보아요.

3 캠핑 놀이

놀이에 필요한 것 이불, 빨래 건조대

1 이불을 빨래 건조대 위에 펼쳐 올려놓으면 빨래 건조대 아래쪽에 공간이 생겨요. 아이들은 자신만의 비밀 공간을 매우 좋아합니다.

2 이 공간에서 책 읽기, 간식 먹기, 휴식하기 등을 하며 집에서도 마치 캠핑하는 듯한 즐거움을 느끼도록 도와주세요.

나의 집콕 놀이 다이어리

놀이의 결과물이나 놀이하는 모습을 사진이나 그림으로 기록해 보세요. 아이와 함께 기록해도 좋습니다.

5

계란판 삼목 놀이

3개 나란히! 게임 끝!

🎒 놀이에 필요한 것

계란판 2개 이상 | 탁구공 (두 가지 색깔로 각각 10개 정도씩)

놀이 전 체크 리스트

✓ 탁구공과 계란판으로 어떤 놀이를 할 수 있을지 아이와 함께 충분히 의논해 보면 좋습니다.

✓ 아이가 흥미를 느끼는 방향이나 아이가 내는 아이디어로 놀이를 수정할 수 있습니다.

✓ 탁구공 놀이를 한 뒤에는 정해진 곳에 정리하도록 도와주어 공을 밟고 넘어지는 일이 없도록 살펴 주세요.

✓ 처음에는 탁구공을 팅기는 것이 어려울 수 있으니 쉬운 방법부터 시도하면 좋습니다.

👍 이런 점이 좋아요!

계란판은 집에서 자주 볼 수 있는 물건으로, 활용도가 매우 다양합니다. 탁구공은 무게, 크기, 소리 등이 어린아이들의 흥미를 끌기에 좋은 놀잇감입니다. 목표물을 향해 탁구공을 팅겨 보며 자신의 신체를 적절히 조절합니다. 탁구공을 계란판에 골인시키기 위해 놀이에 몰입하면서 탁구공의 모양과 특성도 자연스럽게 익힙니다. 이 놀이는 아이들이 놀이를 통해 자신의 신체를 조절하는 초등학교 교육 과정의 '즐거운 생활'과 연결됩니다. 도형의 모양과 구성 요소 및 특성에 대해 알게 되므로 '수학'과도 관련이 깊습니다.

🧩 관련 유치원 교육 과정

신체 운동·건강	신체 활동 즐기기	• 신체를 인식하고 움직인다. • 신체 움직임을 조절한다. • 기초적인 이동 운동, 제자리 운동, 도구를 이용한 운동을 한다. • 실내외 신체 활동에 자발적으로 참여한다.
자연 탐구	탐구 과정 즐기기	• 주변 세계와 자연에 대해 지속적으로 호기심을 가진다. • 궁금한 것을 탐구하는 과정에 즐겁게 참여한다.
	생활 속에서 탐구하기	• 물체를 세어 수량을 알아본다. • 물체의 위치와 방향, 모양을 알고 구별한다.

🎨 놀이 속으로 풍덩!

1 계란판으로 탁구공을 던져 올려 다른 칸으로 옮겨 보아요. 처음에는 1개로 해 본 뒤, 익숙해지면 더 많은 개수의 탁구공으로 도전해 보아요.

2 계란판을 모아 놓은 뒤 탁구공을 바닥에 튕겨 골인시켜 보아요.

3 가족과 함께 탁구공을 주고받아 보아요. 처음에는 1개로 던져 보고, 익숙해지면 더 많은 개수의 탁구공을 주고받아요.

4 계란판의 어느 곳에 탁구공을 넣을지 목표를 정한 뒤 표시해 두고 탁구공을 튕겨 골인시켜 보아요.

5 가족과 함께 탁구공을 색깔별로 나누어 갖고 계란판에 튕겨 넣어요. 내 탁구공을 계란판에 빈칸 없이 3개 채우면 이기는 게임을 할 수도 있어요.

🎈 이렇게도 놀 수 있어요!

① 물이 담긴 그릇에 탁구공 튕겨 넣기

놀이에 필요한 것 집에 있는 다양한 그릇, 탁구공, 물

1 집에 있는 다양한 그릇에 물을 담아요.

2 원하는 위치에 배치해 두고 탁구공을 튕겨 골인시켜 보아요.

3 가족들과 함께 누가 더 많이 골인시키는지 시합을 해 볼 수도 있어요.

② 양말 삼목 놀이

놀이에 필요한 것 색 테이프, 가위, 양말 여러 켤레, 포스트잇, 필기도구

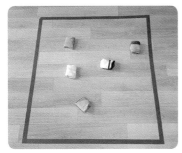  

1 색 테이프로 우리 집 바닥에 네모 모양을 만들어 붙인 뒤, 양말을 골인시켜 보아요.

2 큰 네모 안에 색 테이프를 붙여 여러 개의 네모 칸으로 나눈 뒤 양말을 골인시켜 보아요.

3 양말을 던져 빈칸 없이 3개 채워 보아요. 익숙해지면 네모 칸을 더 많이, 더 작게 만들어 놀이할 수 있어요.

4 간식 메뉴를 적은 포스트잇을 칸마다 붙여 두고 양말을 던져 오늘의 간식으로 정해 보아요.

오늘은 카나페다!

③ 숫자 빙고

놀이에 필요한 것 색종이, 필기도구

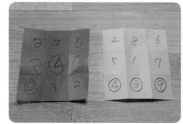

1 색종이를 한 장씩 나누어 가진 뒤, 아홉 칸이 나오도록 접어요. 접지 않고 선을 그려 아홉 칸을 만들 수도 있어요.

2 1~9까지의 숫자를 원하는 칸에 각각 써넣어요. 어느 칸에 어떤 숫자를 썼는지는 서로 비밀이에요.

3 가위바위보로 순서를 정한 뒤, 한 명씩 차례대로 원하는 숫자를 말하면 게임을 함께 하는 모든 가족은 그 숫자에 동그라미 표시를 해요.

4 3개의 칸이 직선 또는 대각선으로 이어지면 게임이 끝나요.

5 더 많은 숫자를 쓴 뒤 3개 칸 또는 4개 칸이 이어지도록 놀이할 수 있어요.

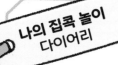

나의 집콕 놀이 다이어리

놀이의 결과물이나 놀이하는 모습을 사진이나 그림으로 기록해 보세요. 아이와 함께 기록해도 좋습니다.

6

고리
던지기 놀이

 놀이에 필요한 것

〔 신문지 〕 〔 물이 담긴 2리터 페트병 〕 〔 색 테이프 〕

**놀이 전
체크 리스트**

- ✓ 신문지를 활용해서 어떤 놀이를 할 수 있을지 아이와 함께 충분히 의논해 보면 좋습니다.
- ✓ 아이가 흥미를 느끼는 방향이나 아이가 내는 아이디어로 놀이를 수정할 수 있습니다.
- ✓ 신문지가 없다면 집에 있는 종이(A4 용지, 전단지 등)를 활용할 수 있습니다.
- ✓ 놀이에는 약속과 규칙이 있으며 그것을 이해하고 지키는 것이 중요함을 알도록 도와주세요.

👍 이런 점이 좋아요!

종이는 접기, 돌돌 말기, 꼬기, 오리기, 찢기 등의 다양한 방법으로 활용할 수 있는 소재입니다. 특히 신문지는 크기가 크고 두께가 얇아서 활용할 수 있는 방법이 다양합니다. 신문지를 꼬아 둥근 고리를 만들어 멀리 또는 가까이 목표물을 향해 던져 보는 놀이를 통해 자신의 신체를 자연스럽게 조절하며 신체 활동에 즐겁게 참여할 수 있습니다. 동시에 종이라는 물체의 특성도 흥미롭게 탐색합니다. 가족들과 함께 게임의 형태로 놀이하며 약속과 규칙을 알게 되고, 갈등 상황에 마주했을 때 긍정적으로 해결할 수 있는 태도도 형성합니다. 이 놀이는 다른 사람과 관계를 맺고 소통하며 잘 지낼 수 있는 초등학교 교육 과정의 '바른 생활'과 연결되며, 다양한 신체 활동에 즐겁게 참여하는 '즐거운 생활'과도 관련이 깊습니다.

관련 유치원 교육 과정

신체 운동·건강	신체 활동 즐기기	• 신체를 인식하고 움직인다. • 신체 움직임을 조절한다. • 기초적인 이동 운동, 제자리 운동, 도구를 이용한 운동을 한다. • 실내외 신체 활동에 자발적으로 참여한다.
사회관계	더불어 생활하기	• 친구와의 갈등을 긍정적인 방법으로 해결한다. • 약속과 규칙의 필요성을 알고 지킨다.
자연 탐구	생활 속에서 탐구하기	• 물체의 특성과 변화를 여러 가지 방법으로 탐색한다.

🎾 놀이 속으로 풍덩!

1 신문지를 돌돌 말아 긴 막대를 만들어요.

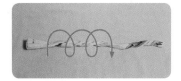

2 동그랗게 말린 신문을 한 방향으로 꼬아 보아요.

3 꼰 신문을 스카치테이프로 연결해서 동그라미 모양의 고리로 만들어요.

4 가족과 함께 신문지 고리를 주고받아 보아요. 두 손을 이용해서 받아 볼 수도 있고, 한쪽 팔을 쭉 뻗어 받아 볼 수도 있어요. 발로 받는 것도 도전해 보아요.

5 색 테이프로 여러 개의 네모 칸을 만들고 2리터 페트병에 물을 담아 세워 놓은 뒤, 신문지 고리를 던져 보아요. 처음에는 가까운 거리에서 던져요.

6 신문지 고리를 팔에 끼워 돌려 보아요.

7 신문지 고리 2개를 끼면 우주의 행성 같아요.

🎈 이렇게도 놀 수 있어요!

1️⃣ 쿠킹 호일 고리 던지기

놀이에 필요한 것 쿠킹 호일, 물이 담긴 2리터 페트병

1 주방에서 사용하는 쿠킹 호일을 길게 뭉친 뒤, 동그라미 모양의 고리를 만들어요. 쿠킹 호일은 테이프 없이도 고리를 연결할 수 있어요.

2 쿠킹 호일 고리를 2리터 페트병을 향해 던져 보아요.

3 페트병의 위치를 다른 칸으로 옮겨 놀이해 보아요.

2️⃣ 모자 던지기

놀이에 필요한 것 여러 종류의 모자(야구모자, 선캡, 털모자 등), 물이 담긴 2리터 페트병

1 우리 집에 있는 다양한 모자를 2리터 페트병을 향해 던져 보아요.

2 페트병의 위치를 다른 칸으로 옮겨 놀이해 보아요.

③ 신문지 막대와 고리 놀이

놀이에 필요한 것 신문지 고리, 신문지 막대

1 신문지를 돌돌 말아 긴
막대를 만들어요. 한 명이
막대를 들고 있으면 다른
한 명이 막대에 고리를
던져 넣어 보아요.

2 신문지 막대에
고리를 걸고
빙글빙글 돌려 볼
수도 있어요.

나의 집콕 놀이
다이어리

놀이의 결과물이나 놀이하는 모습을 사진이나 그림으로 기록해 보세요.
아이와 함께 기록해도 좋습니다.

7

우리 집
요리사

 놀이에 필요한 것

| 오븐 | 숟가락 | 식빵 | 피자 치즈 | 토마토 소스 |

| 파프리카, 양파, 방울토마토, 버섯, 브로콜리 | 떡갈비 | 옥수수 통조림 |

**놀이 전
체크 리스트**

✓ 해 보고 싶은 요리를 말하고, 요리 순서와 재료 등을 아이와 함께 충분히 의논하면 좋습니다.

✓ 아이에게 알레르기 반응이 나타나는 음식이 있는지 미리 확인하세요.

✓ 청결 유지법, 도구의 바른 사용법 등에 대해 충분히 이해할 수 있도록 도와주세요.

✓ 식탁에서의 예절을 익힐 좋은 기회로 삼아 주세요.

✓ 가족들과 함께 즐거운 식사 시간을 자주 가지며 아이들과 많은 대화를 나누면 좋습니다.

✓ 평소에 잘 먹지 않는 재료를 이용해서 요리하면 편식하는 습관을 고치는 데 도움이 됩니다.

👍 이런 점이 좋아요!

아이들이 직접 요리하는 것은 엄마 아빠 눈에 위험하고 번거로워 보여 쉽게 도전하기 어려울 수 있습니다. 하지만 우리 아이들에게 요리는 매우 흥미로운 놀이입니다. 아이들이 칼이나 불을 사용하면 위험할 수 있으니 처음에는 간단하고 안전한 메뉴로 도전하면 좋습니다. 칼을 사용해야만 하는 메뉴라면 플라스틱 칼 등으로 대체합니다. 평소에 잘 먹지 않는 음식 재료를 요리라는 놀이를 통해 다루어 보면서 아이는 몸에 좋은 음식과 건강해지는 법을 깨닫습니다. 음식 재료를 준비하고 정리해 보는 과정은 자신의 몸과 주변을 청결히 하는 습관 형성에 도움이 됩니다. 식사 예절을 익히는 좋은 기회로 삼을 수도 있습니다. 이 놀이는 일상생활 속에서 관찰하고 탐색해 보는 초등학교 교육 과정의 '슬기로운 생활'과 연결되며, 요리하는 과정에서 맛과 냄새, 느낌 등을 표현해 보는 '즐거운 생활'과도 관련이 깊습니다.

관련 유치원
교육 과정

| 신체 운동·건강 | 건강하게
생활하기 | • 자신의 몸과 주변을 깨끗이 한다.
• 몸에 좋은 음식에 관심을 가지고 바른 태도로 즐겁게 먹는다.
• 질병을 예방하는 방법을 알고 실천한다. |

놀이 속으로 풍덩!

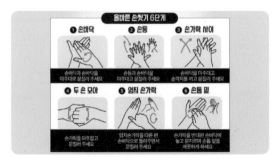

1 요리하기 전, 올바른 손 씻기 6단계에 맞춰 손을 깨끗이 씻어요.

2 피자 재료의 생김새, 맛, 냄새, 만져 본 느낌 등을 말해 보아요. 평소에 잘 먹지 않는 재료를 넣어 요리해 보면 더 좋습니다. 알레르기 있는 음식도 확인해요.

3 요리 순서를 이야기해 보고 식빵 위에 소스를 펴 바른 뒤, 준비한 재료를 올려요.

4 접시에 담아 오븐에 구워요. 막 구워 낸 피자는 뜨거우니 조금 식힌 뒤에 먹어요. 오븐이 없다면 전자레인지(1분 40초~2분) 또는 뚜껑이 있는 프라이팬에 구워요.

6 식사 예절에 대해 생각해 보아요.

- 돌아다니지 않고 자리에 앉아서 먹어요.
- 음식물을 흘리지 않도록 노력해요.
- 숟가락, 젓가락, 포크 등 도구를 적절히 사용해요.
- 너무 빠르거나 너무 늦게 먹지 않도록 노력해요.
- 어른보다 먼저 식사를 시작하지 않아요.
- 식사하면서 텔레비전, 책 등을 보지 않아요.
- 가족들과 함께 즐거운 대화를 하면서 식사해요.
- 함께 식사하지 못하는 가족을 위해 음식을 정성껏 남겨 두어요.

5 그릇에 담아 피자 조각처럼 자른 뒤, 가족들과 함께 맛있게 먹어요. 모습이 달라진 재료를 관찰해 보아요.

🎈 이렇게도 놀 수 있어요!

1 우리 집 카나페 요리사

놀이에 필요한 것 크래커, 잼 또는 소스, 새싹 채소, 치즈, 과일, 견과류, 숟가락

음식은 자리에 앉아서!

1 크래커 위에 준비한 재료를 하나씩 올려놓아요.
  알레르기를 일으키는 음식 재료가 있는지 확인해요.

2 접시에 담아 맛있게 먹어요.

2 키 재기

놀이에 필요한 것 색 테이프, 가위, 필기도구, 동화책이나 자 같은 납작한 물건

골고루 먹으면 더 크겠지?

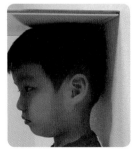 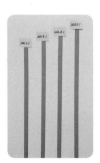  

1 집 한쪽 벽에 머리, 엉덩이, 발뒤꿈치를 붙이고 바르게 서요.

2 동화책 등 납작한 물건을 머리에 수평으로 대고 내 키를 벽에 표시해 둔 뒤, 표시된 곳까지 색 테이프를 잘라 붙여요. 날짜도 기록해 두면 좋아요.

3 2~3개월에 한 번씩 정해진 날짜에 키를 재요.

4 손을 펼쳐 내 키가 몇 뼘인지 알아보아요. 엄마 아빠의 손으로는 몇 뼘인지 비교해 보아요.

5 키가 자랐으면 가족들이 함께 기뻐해 주고, 음식을 골고루 먹어야 키가 큰다는 것을 느끼도록 도와주세요. 어렸을 때 입었던 옷과 지금 입는 옷의 크기를 비교해 보는 것도 좋아요.

🄷 가족과 함께 오이 마사지

놀이에 필요한 것 오이, 플라스틱 칼, 도마

 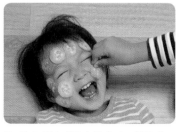 

1 플라스틱 칼로 오이를 자른 뒤, 어떤 맛인지 먹어 보아요. 너무 얇게 자르려고 하다 보면 손을 다칠 수 있으니 주의해요.

2 썬 오이를 가족과 함께 서로 얼굴에 붙여 주어요. 거울로 내 모습을 보면 재미있어요.

3 10~15분 뒤 오이를 떼어 내요.

나의 집콕 놀이 다이어리

놀이의 결과물이나 놀이하는 모습을 사진이나 그림으로 기록해 보세요.
아이와 함께 기록해도 좋습니다.

비 오는 날 밖에서 마음껏 놀도록 해 주세요

유치원의 일과는 실내 놀이와 바깥 놀이로 구성됩니다. 현재 유치원 교육 과정인 '2019 개정 누리 과정'은 이전의 교육 과정보다 놀이 시간을 우선적으로 충분히 편성할 것을 권장하며 바깥 놀이도 함께 강조합니다. 아이들이 놀이에 몰입해서 흐름이 끊기지 않고 충분히 놀았다고 느낄 수 있도록 해야 한다는 의미이지요. 만약 놀이가 중단되어 배움의 순간을 놓칠 수 있다고 판단되면 놀이 시간을 연장할 수도 있습니다. 또한 하루 일과는 날씨나 자연 현상에 따라 그 순서를 바꿀 수도 있고, 아이들의 요구와 흥미를 존중해 다른 놀이로 변경할 수도 있습니다.

핀란드의 유치원에서는 비 오는 날에도 어김없이 바깥 놀이를 합니다. 영하 15도 이하로 떨어지지 않거나 자연재해 수준의 재난이 일어나지 않는 한 무조건 밖으로 나갑니다. 행여 아이들이 감기에 걸린다 해도 개의치 않습니다. 젖은 옷은 말리고, 더러워진 옷은 세탁합니다. 그 이상의 어떤 고민도 없습니다. 일본도 비슷합니다. 일본의 한 유치원에서는 하루를 달리기로 시작합니다. 심지어 맨발로 달리게 하는데, 달리면서 두뇌가 자극되고 면역력이 향상된다고 믿는 것입니다. 사계절 내내 야외 물놀이와 진흙탕 놀이도 빠뜨리지 않고 합니다. 이 모습을 우리나라 엄마 아빠가 본다면 아마 놀라움을 금치 못할 테지만, 이렇게 유치원을 다닌 아이들은 이후 학업 성취도에서 매우 높은 성과를 보입니다.

아이들은 비 오는 날에도 밖으로 나가고 싶어 합니다. 우산에 떨어지는 빗소리를 듣고 싶어 하고, 옷이 젖는 것쯤은 신경 쓰지 않고 고인 빗물에서 첨벙거리고 싶어 합니다. 비 오는 날에는 집에 있어야 한다는 어른들의 생각과는 다르죠. 비 오는 날 밖으로 나가면 평상시에 볼 수 없었던 것들을 볼 수 있고 느끼지 못했던 것들을 느낄 수 있습니다. 학창 시절, 친구들과 함께 일부러 비를 맞아 본 경험과 그때의 기분을 떠올려 보면 우리 아이가 비 오는 날 밖으로 나가고 싶어 하는 이유를 짐작할 수 있을 것입니다. 아이들을 위해 일기 예보를 확인하고 언제 비가 올지 기다려 보는 건 어떨까요? 아이와 함께 밖으로 나가 우산에 떨어지는 빗소리를 노래 삼아 옷이 젖도록 빗물 웅덩이에서 첨벙거려 보세요. 생각만으로도 즐거운 함성이 들리는 듯합니다.

쏙쏙 정보

아동의 놀 권리

전 세계의 지도자들은 1989년 11월 20일, 〈유엔 아동 권리 협약〉이라는 인권 조약을 체결했습니다. 이는 인류 역사상 가장 많은 국가가 참여한 조약으로, 전 세계 아동의 인권과 삶의 변화를 가져오는 데 크게 기여했습니다. 〈유엔 아동 권리 협약〉은 실제적인 아동 권리에 대한 42개 조항과 협약의 이행에 대한 12개 조항으로 구성되어 있습니다. 총 54개 조항 중 어느 하나 중요하지 않은 것이 없지만, 그중 제31조는 '모든 아동(18세 이하의 모든 사람)은 충분히 쉬고 놀며, 문화와 창작 활동에 참여할 권리가 있습니다.'라고 명시합니다.

〈유엔 아동 권리 협약〉을 비준한 국가는 '협약 이행 상황 보고서'를 유엔아동권리위원회에 제출할 의무가 있는데 최근 우리나라의 아동 23명이 보고서 작성에 직접 참여해서 스스로 권리에 대한 의견을 담았습니다. 성적 차별, 교육 격차, 학업으로 인한 스트레스, 과도한 학습 시간에 대한 내용과 이에 따른 권고 사항을 담은 이 보고서의 주제는 '교육으로 고통받는 아동'이었습니다. 우리나라 아동들의 학습 시간은 주당 40~60시간으로 OECD 23개국 평균인 33시간보다 최소 7시간, 최대 2배가량 많습니다. 중학생의 연평균 학습 시간은 2,097시간, 고등학생은 2,757시간으로 성인 1인당 연평균 노동 시간인 2,069시간보다 더 깁니다. 과도한 학습 시간을 확보하기 위해서는 잠자는 시간, 휴식 시간 등을 줄일 수밖에 없습니다. 자연히 아이들에게 기본이자 필수가 되어야 하는 '놀이' 시간은 부족해집니다. 놀이와 신체 활동 시간이 모자라면 아이들의 건강도 위협을 받습니다.

놀고 싶을 때 마음껏 놀고, 쉬고 싶을 때 마음껏 쉴 수 있는 세상, 밤늦게까지 공부하지 않고 가족과 행복한 저녁 식사를 함께할 수 있는 세상이 바로 우리 아이들이 원하는 세상이며, 어른들이 반드시 이루어 주어야 할 세상입니다. 〈유엔 아동 권리 협약〉은 전 세계 모든 아동의 모든 권리를 보장해 주기 위한 것이므로 대한민국도 예외일 수 없습니다. 미래를 짊어질 아이들에게 진정한 행복을 알려 주기 위한 적극적인 노력과 아이들이 노는 것은 당연하다는 인식이 널리 널리 퍼져 '놀 권리'라는 말이 굳이 필요하지 않은 날이 오기를 기다립니다.

2

말과 글에
관심을 가지며
의사소통 능력이
향상되는 놀이

놀이 목록

1 북마크 만들기

2 글자 낚시 놀이

3 우리 집 우체통 놀이

4 스티커 글자 놀이

5 책 만들기

6 글자 기억력 게임

7 가족 릴레이 동화책 만들기

이 장에서 소개하는 놀이는 아이들이 다른 사람과 소통하며, 일상에서 만나는 글자나 상징에 관심을 가지고 책과 이야기를 즐기는 경험과 관련이 깊습니다.

북마크 만들기

🎒 놀이에 필요한 것

| 과자 상자 | 가위 | 자석(전단지 뒷면에 붙어 있는 자석 이용) | 양면테이프 |

놀이 전 체크 리스트

✓ 아이가 좋아하는 과자 상자를 평소에 모아 두었다 사용합니다.
✓ 아이가 흥미를 느끼는 방향이나 아이가 내는 아이디어로 놀이를 수정할 수 있습니다.
✓ 되도록 쉬운 글자가 있는 과자 상자부터 활용하면 좋습니다.
✓ 가위를 사용한 뒤 오므려 놓는 습관을 기르도록 도와주세요.
✓ 완성한 북마크는 책 읽기에 활용해 언어 활동으로 관심이 이어지게 하면 좋습니다.

👍 이런 점이 좋아요!

글자에 대한 아이들의 관심과 흥미는 가장 가까운 주변에서부터 시작됩니다. 자신이 즐겨 찾는 과자의 이름이 어떤 모양으로 쓰였는지를 궁금해하며 글자를 가까이 접합니다. 주변의 글자들을 어떻게 소리 내어 읽을 수 있는지, 소리를 글자로 표현할 때 어떤 모양이 되는지를 서서히 알아 갑니다. 이러한 경험들이 쌓이면 그동안 엄마 아빠가 읽어 주었던 책 속의 내용을 직접 확인해 보고 싶은 마음이 생기고 책을 가까이 둡니다. 이 놀이는 재미있게 읽은 책을 친구들에게 소개하기, 우리 주변에서 볼 수 있는 쉬운 낱말 따라 쓰기 등과 같은 활동을 통해 읽고 쓰기에 흥미를 갖도록 하는 초등학교 교육 과정의 '국어'와 직접적으로 연계됩니다.

🔷 관련 유치원 교육 과정

의사소통	읽기와 쓰기에 관심 가지기	• 주변의 상징, 글자 등의 읽기에 관심을 가진다. • 자신의 생각을 글자와 비슷한 형태로 표현한다.
	책과 이야기 즐기기	• 책에 관심을 가지고 상상하기를 즐긴다.
자연 탐구	생활 속에서 탐구하기	• 물체의 특성과 변화를 여러 가지 방법으로 탐색한다.

🐝 놀이 속으로 풍덩!

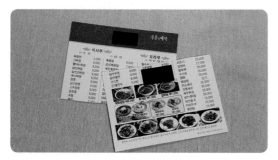

1 전단지 뒷면에 붙어 있는 자석을 떼어 내요. 북마크 하나를 만드는 데 2개의 자석이 필요해요.

2 과자 상자에서 좋아하는 글자 또는 그림을 가위로 오리고 반으로 접어요.

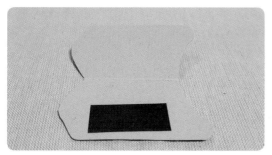

3 떼어 낸 자석을 오려 둔 과자 상자 안쪽에 붙여요. 잘 붙지 않는다면 양면테이프를 이용할 수도 있어요.

4 전단지의 다른 자석 하나를 먼저 붙여 놓은 자석에 붙여요. 자석의 윗면에 양면테이프를 미리 붙여 두어요.

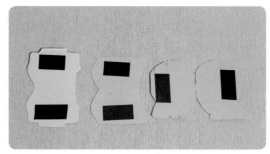

5 오려 낸 상자 조각을 다시 반으로 접었다 펴 보아요. 자석이 과자 상자의 양쪽에 붙어 있는 것을 확인할 수 있어요.

6 책을 읽다 멈출 때 다음에 이어서 읽을 부분에 북마크를 끼워 주어요.

🎈 이렇게도 놀 수 있어요!

아빠 엄마, 사랑해요!

1 직접 꾸며 만드는 북마크

놀이에 필요한 것 과자 상자, 가위, 자석(전단지 뒷면에 붙어 있는 자석)

1 과자 상자를 잘라 내고, 글자나 그림이 없는 상자 뒷면이 보이도록 반으로 접어요.

2 직접 그림을 그리거나 낱말을 따라 써서 빈 부분을 꾸며 보아요.

3 전단지의 자석 2개를 과자 상자 안쪽의 양쪽 끝에 붙여요.

4 완성된 나만의 북마크를 책에 끼워 보아요.

2 색종이 접어 만드는 북마크

놀이에 필요한 것 색종이

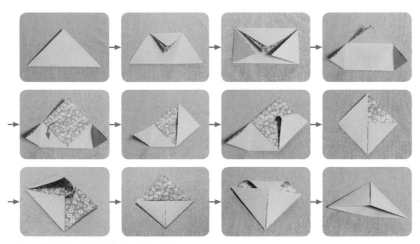

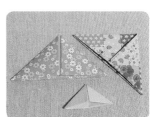

1 색종이를 위의 사진 순서대로 접어요.

2 완성된 북마크를 책에 끼워 보아요.

③ 클립과 끈으로 만드는 북마크

클립, 끈(선물 포장용 끈, 가죽 끈 등)

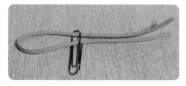  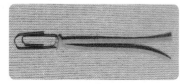

1 끈을 반으로 접어 클립의 한쪽 끝에 끼워 넣어요.

2 오른쪽 두 가닥의 끈을 왼쪽 끈 사이의 동그란 구멍으로 끼워 넣어요.

3 두 가닥의 끈을 힘껏 당겨 주어요.

 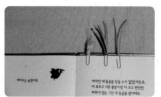

4 여러 개의 끈을 끼워 만들 수도 있고 여러 종류의 끈을 활용할 수도 있어요.

5 완성된 북마크를 책에 끼워 보아요.

나의 집콕 놀이 다이어리

놀이의 결과물이나 놀이하는 모습을 사진이나 그림으로 기록해 보세요.
아이와 함께 기록해도 좋습니다.

2

글자 낚시 놀이

🎒 놀이에 필요한 것

[두꺼운 종이] [가위] [나무젓가락] [끈 또는 줄] [클립] [글자 카드] [고무줄] [병뚜껑]

놀이 전 체크 리스트

✓ 자석을 활용해서 어떤 놀이를 할 수 있을지 아이와 함께 충분히 의논해 보면 좋습니다.

✓ 아이가 흥미를 느끼는 방향이나 아이가 내는 아이디어로 놀이를 수정할 수 있습니다.

✓ 한글의 소중함을 알고 바르고 고운 말을 사용할 수 있도록 도와주세요.

✓ 처음에는 아이의 이름과 가족의 호칭 등 아이에게 가장 친숙한 글자로 시작해 주세요.

✓ 글자를 알아 가는 과정이 즐거운 경험이 될 수 있도록 도와주는 것이 중요합니다.

✓ 글자는 각각의 자음과 모음을 익히는 것에만 집중하지 않도록 합니다.

👍 이런 점이 좋아요!

글자를 읽고 쓰는 것을 익히는 과정은 아이들에게 매우 힘겨울 수 있습니다. 따라서 즐거운 놀이로 먼저 경험해서 거부감이 생기지 않도록 해야 합니다. 연필을 바르게 쥐고 공책에 글자를 쓰도록 하는 딱딱한 경험보다는 자석을 활용한 낚시 놀이를 통해 글자의 모양을 즐겁게 익히며 우리 주변 글자를 읽고 쓰는 데 관심을 두도록 할 수 있습니다. 자석이 붙는 곳과 붙지 않는 곳을 알아 가며 우리 생활 속 물체의 속성에 관해서도 관심을 두고 탐구하는 계기가 됩니다. 이 놀이는 우리 주변에서 볼 수 있는 쉬운 낱말 따라 쓰기 등과 같은 활동을 통해 읽고 쓰기에 흥미를 갖도록 하는 초등학교 교육 과정의 '국어'와 직접적으로 연계되며, 주변의 물체에 관심을 두고 관찰하며 탐색해 보는 '슬기로운 생활'과도 연결됩니다.

관련 유치원 교육 과정

의사소통	읽기와 쓰기에 관심 가지기	• 말과 글의 관계에 관심을 가진다.
		• 주변의 상징, 글자 등의 읽기에 관심을 가진다.
자연 탐구	생활 속에서 탐구하기	• 물체의 특성과 변화를 여러 가지 방법으로 탐색한다.
		• 도구와 기계에 대해 관심을 가진다.

🎐 놀이 속으로 풍덩!

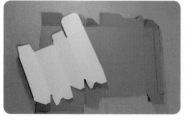  

1 모아 두었던 두꺼운 종이를 고르고 가위로 잘라 한글의 자음과 모음을 만들어요. 각각의 글자에 클립을 끼워요. 두꺼운 종이를 오리는 것이 어렵다면 엄마 아빠와 함께 잘라 보아요.

2 끈 또는 줄을 적당한 길이로 자른 뒤, 한쪽 끝에는 자석을 묶어 주고, 다른 한쪽 끝에는 나무젓가락을 묶어요.

 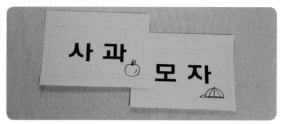

3 종이에 글자를 써서 글자 카드를 만들어요. 글자 카드는 아이가 주로 사용하는 말이나 쉬운 글자를 골라 엄마 아빠가 만들어 주어요. 간단한 그림도 그려 주면 좋아요.

4 글자 카드를 하나씩 뒤집거나 동그랗게 말아 둔 글자 카드를 하나씩 풀어서 적힌 글자를 확인해요. 카드에 적힌 것과 같은 자음, 모음 조각을 찾아 낚시를 해요.

5 자음, 모음 조각을 글자 카드처럼 배치한 뒤 어떤 글자가 완성되었는지 살펴보고, 읽을 수 있는 글자는 읽어 보아요.

🎈 이렇게도 놀 수 있어요!

1️⃣ 물건으로 글자 만들기

> **놀이에 필요한 것** 집 안의 여러 가지 물건들

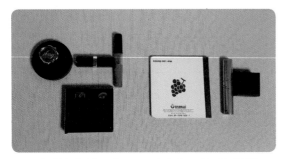 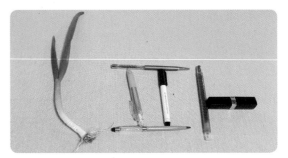

1 우리 집 물건들을 모아요. 동그라미, 세모, 네모 등 다양한 모양을 찾아보아요.

2 모은 물건들을 이용해서 엄마, 아빠와 함께 원하는 글자를 만들어 보아요.

3 아이가 만든 글자를 사진으로 찍어 출력한 뒤, 벽면에 붙여 생활 속에서 은연중에 이 글자를 익히도록 도와주세요.

4 글자에 맞는 실물(모형, 사진 등)을 함께 연결해 보아도 좋아요.

5 모음, 자음을 틀리지 않게 쓰는 것보다 글자에 재미를 느끼게 하는 것이 중요해요.

2️⃣ 노래 듣고 부르기

> **놀이에 필요한 것** 〈다섯 글자 예쁜 말〉 노래 음원

1 엄마 아빠가 〈다섯 글자 예쁜 말〉 노래를 찾아 들려주어요. 이 노래를 누가 만들었는지 작사가와 작곡가를 알아보아요.

2 노래를 한두 번 들어 본 뒤 노래 가사에 어떤 말들이 들어 있는지, 노래의 느낌은 어떤지 말해 보아요.

3 노래를 반복해서 들으며 따라 부를 수 있는 부분은 불러 보아요.

4 노래가 익숙해지면 다섯 글자로 된 또 다른 예쁜 말들을 생각해 보고, 그 말들을 넣어 가사를 바꾸어 불러 보아요.
(소중합니다, 반갑습니다, 기대할게요, 행복하세요, 건강하세요, 포기 안 해요, 우리는 최고, 항상 고마워, 미안합니다, 진심입니다, 힘을 내세요, 좋은 일 가득 등)

③ 세종대왕에 관한 동화 듣기

놀이에 필요한 것 세종대왕과 관련된 동화책

1 가족과 함께 집 근처 도서관에 가서 아이에게 맞는 동화책을 대출해요.

2 동화를 누가 만들었는지 글 작가와 그림 작가를 알아보아요.

3 표지의 그림과 제목을 보고 동화책 속에 어떤 이야기가 들어 있을지 생각해 보아요.

4 엄마 아빠가 동화책을 읽어 주어요. 동화를 들은 뒤 그림만 다시 보며 내용을 떠올려 보아요.

5 책을 읽은 느낌, 가장 재미있었던 부분, 세종 대왕님께 하고 싶은 말 등을 생각해 보아요. 그림이나 간단한 글자로 표현해도 좋아요.

6 한글의 소중함을 알고 바르고 고운 말을 사용할 수 있도록 도와주세요.

나의 집콕 놀이 다이어리

놀이의 결과물이나 놀이하는 모습을 사진이나 그림으로 기록해 보세요.
아이와 함께 기록해도 좋습니다.

3

우리 집 우체통 놀이

두근 두근!

🎒 놀이에 필요한 것

(빈 상자) (고무 밴드) (메모지) (필기도구) (지우개) (연필) (우표 스티커)

놀이 전 체크 리스트

✓ 빈 상자를 활용해서 어떤 놀이를 할 수 있을지 아이와 함께 충분히 의논해 보면 좋습니다.

✓ 아이가 흥미를 느끼는 방향이나 아이가 내는 아이디어로 놀이를 수정할 수 있습니다.

✓ 가족들과 함께 편지를 주고받으며 놀이가 지속될 수 있도록 하면 좋습니다.

✓ 글자를 즐거운 놀이로 경험할 수 있도록 도와주는 것이 중요합니다.

✓ 글자 쓰는 것을 강조하기보다는 그림 편지로 흥미롭게 시작해도 됩니다.

👍 이런 점이 좋아요!

우리 동네에는 우체국, 경찰서, 병원, 은행, 마트 등 여러 기관이 있습니다. 아이들은 이러한 기관과 관련된 역할 놀이를 매우 좋아하지요. 가족들과 함께 우체국 놀이를 하면서 아이들은 글자를 공부로 생각하지 않고 즐거운 경험으로 익힐 수 있습니다. 글자를 잘 모른다면 엄마 아빠가 보내 준 편지를 읽고 싶은 마음에 글자를 궁금해하고 묻습니다. 이러한 경험들이 차곡차곡 쌓여 비로소 자기 생각을 글자와 비슷한 형태로 표현할 줄 알며 자신이 사는 동네에도 관심을 둡니다. 이 놀이는 겪은 일을 자음과 모음 및 문장 부호를 활용해서 글로 표현해 보며 쓰기에 대해 흥미를 갖도록 하는 초등학교 교육 과정의 '국어'와 직접적으로 연계되며, 이웃의 생활 모습을 알아보고 공공장소와 시설물을 활용해 보는 '슬기로운 생활' 및 '즐거운 생활'과도 연결됩니다.

🧩 관련 유치원 교육 과정

의사소통	읽기와 쓰기에 관심 가지기	• 말과 글의 관계에 관심을 가진다. • 주변의 상징, 글자 등의 읽기에 관심을 가진다. • 자신의 생각을 글자와 비슷한 형태로 표현한다.
사회관계	사회관계에 관심 가지기	• 내가 살고 있는 곳에 대해 궁금한 것을 알아본다.

🎱 놀이 속으로 풍덩!

  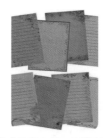   

1 우리 동네의 여러 기관 중 우체국에 대해서 알아보아요. 우체국을 나타내는 상징과 그 의미, 우체국 사람들이 하는 일 등을
살펴보아요. 아이와 함께 우체국을 방문해 보고 편지를 보낼 때 필요한 것들에 대해서도 알아보아요.

2 빈 상자의 위아래에 2개의
구멍을 뚫은 뒤 아래 구멍은
문을 만들어서 닫아 두어요.
고무 밴드로 문 손잡이를
만들면 좋아요.

3 우체통을 우리 집 어느 곳에 놓을지 함께 이야기 나누어
보고, 편지 쓸 재료들을 모아 두어요.

4 가족에게 편지를 쓴 뒤, 편지 봉투에 우표 스티커를 붙여요.

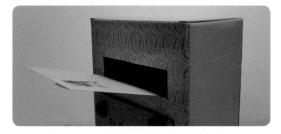 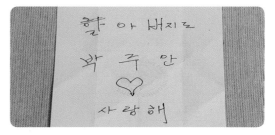

5 다 쓴 편지는 우리 집 우체통에 넣어요. 가족 중 누가 편지를
배달할지 정해 볼 수도 있어요.

6 답장을 기다려 보아요. 자고 일어나면 우체통 안에 답장이
와 있을지도 몰라요. 일어나서 우체통을 확인해 보아요.

🎈 이렇게도 놀 수 있어요!

1️⃣ 세계 여러 나라의 우체통 알아보기

놀이에 필요한 것 세계 여러 나라의 우체통에 관한 책이나 자료

미국

일본

영국

프랑스

이탈리아

스페인

1 도서관에 가서 세계 여러 나라의 우체통에 관한 책을 대출해요. 반납일을 잘 기억해 두어요.

2 세계 여러 나라의 우체통을 비교해 보아요. 차이점과 비슷한 점을 생각해 보아요.

2️⃣ 비밀 편지 쓰기

놀이에 필요한 것 흰색 크레파스, 도화지, 물감, 붓

감동이에요!

1 흰색 크레파스로 도화지에 편지를 써요. 글자 쓰는 것이 어렵다면 그림으로 표현할 수도 있어요.

2 편지 받을 가족에게 전해 주어요. 우체통을 만들어 활용하면 좋아요.

3 편지를 받은 사람은 도화지 위에 물감으로 색을 칠해서 편지 내용을 확인할 수 있어요.

③ 쪽지 편지 쓰기

놀이에 필요한 것 메모지, 필기도구, 지우개

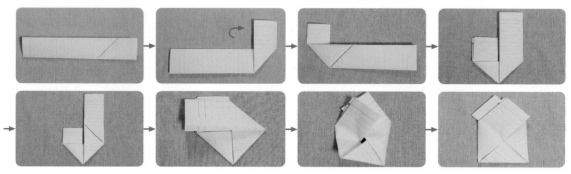

1 집에 있는 메모지에 편지를 써 보아요.

2 쪽지 편지를 위의 사진과 같이 접어 보아요.

3 편지 받을 가족에게 전해 주어요.
우체통이 있다면 우체통을 활용해요.

4 예쁜 편지지나 편지 봉투가 없어도 편지를 보낼 수 있어요.

5 다시 사용할 수 있는 종이를 그냥 버리지 않고 모아 두었다가
쪽지 편지를 쓸 때 사용해요.

나의 집콕 놀이 다이어리

놀이의 결과물이나 놀이하는 모습을 사진이나 그림으로 기록해 보세요.
아이와 함께 기록해도 좋습니다.

4

스티커 글자 놀이

놀이에 필요한 것

| 스티커 | 글자가 적힌 물건(책, 과자 봉지 등) | 글자 카드 |

놀이 전 체크 리스트

✓ 스티커와 글자가 적힌 물건을 활용해서 어떤 놀이를 할 수 있을지 아이와 함께 충분히 의논 해 보면 좋습니다.

✓ 아이가 흥미를 느끼는 방향이나 아이가 내는 아이디어로 놀이를 수정할 수 있습니다.

✓ 집에 있는 물건 중 글자가 적힌 것(책, 과자 봉지 등)을 활용합니다.

✓ 글자를 놀이처럼 자주 접하다 보면 어느새 글자를 익히게 됩니다.

✓ 글자 카드는 택배 상자를 활용해서 만들면 좋습니다.

👍 이런 점이 좋아요!

스티커는 쉽게 잘 붙는 특성 때문에 아이들이 매우 좋아하는 놀이 재료입니다. 글자를 모르더라도 집 안의 물건 중 글자가 적힌 것들을 찾아보고 글자 위에 스티커를 따라 붙여 보는 놀이를 통해 주변의 상징과 글자에 관심을 두고 읽고 쓰기에 흥미를 갖게 됩니다. 때로는 전체 글자를, 때로는 모음과 자음을 자세히 보는 경험을 반복하면서 차츰 글자의 모양과 이미지를 자연스럽게 익힐 수 있습니다. 스티커를 글자 위에 붙여 보면서 글자를 하나하나 자세히 살펴볼 수 있습니다. 이 놀이는 글자, 낱말, 문장, 짧은 글을 읽고 쓰며 흥미를 갖도록 해서 한글 자모의 이름과 소릿값을 알아 가는 초등학교 교육 과정의 '국어'와 직접적으로 연계됩니다.

관련 유치원 교육 과정

| 의사소통 | 읽기와 쓰기에 관심 가지기 | • 말과 글의 관계에 관심을 가진다.
• 주변의 상징, 글자 등의 읽기에 관심을 가진다. |

🎾 놀이 속으로 풍덩!

1 집에 있는 물건 중 글자가 적혀 있는 것들(과자 봉지, 음식물 봉지, 우유갑, 동화책 등)을 모아요. 크고 쉬운 글자가 적힌 것을 먼저 활용하면 좋아요.

2 물건에 적힌 글자를 따라 스티커를 붙여요. 아는 글자 또는 알고 싶은 글자가 있다면 말해 보아요.

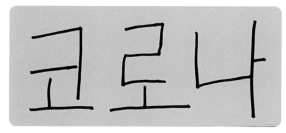 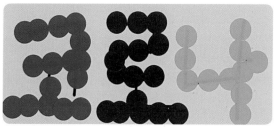

3 엄마 아빠가 종이에 글자를 써 준 뒤, 그 글자 위에 스티커를 따라 붙여 볼 수도 있어요. 스티커를 붙여야 하므로 글자 사이의 간격을 충분히 두어요.

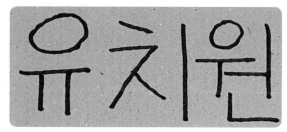 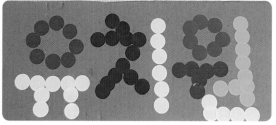

4 엄마 아빠가 종이에 써 준 글자를 보고 다른 종이에 스티커를 붙이며 직접 써 볼 수도 있어요.

🎈 이렇게도 놀 수 있어요!

1 색종이 찢어 붙여 글자 쓰기

놀이에 필요한 것 색종이, 풀, 택배 상자로 만든 글자 카드

 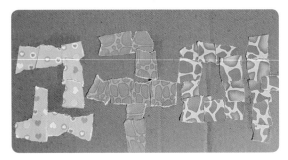

1 글자 카드의 글자는 엄마 아빠가 써 주어요. 아는 글자나 써 보고 싶은 글자가 있으면 말해 보아요. 색종이도 잘게 찢어 두어요.

2 글자 카드의 글자 선을 따라 찢어 둔 색종이를 풀로 붙여요.

2 자연물로 글자 쓰기

놀이에 필요한 것 다양한 자연물(나뭇가지, 나뭇잎, 돌멩이 등), 가족들이 사용하는 물건

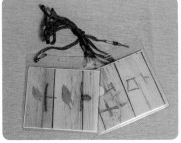
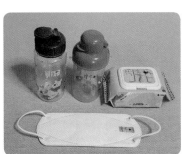
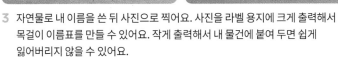

1 자연물을 이용해서 글자를 써 보아요. 글자 쓰는 것은 어려워서 처음부터 잘 쓸 수는 없어요.

2 내 이름이나 쉬운 글자에 도전해 보아요.

3 자연물로 내 이름을 쓴 뒤 사진으로 찍어요. 사진을 라벨 용지에 크게 출력해서 목걸이 이름표를 만들 수 있어요. 작게 출력해서 내 물건에 붙여 두면 쉽게 잃어버리지 않을 수 있어요.

③ 스티커 그림 그리기

종이, 사인펜, 색연필, 스티커

1 종이에 그리고 싶은 것을 그려요.

2 색연필이나 물감으로 색칠하는 대신 스티커를 붙여 그림을 채워요.

3 색종이를 찢어 붙이는 것으로도 멋진 작품을 완성할 수 있어요.

4 처음에는 어려울 수 있으니 작은 종이부터 시작해요.

놀이의 결과물이나 놀이하는 모습을 사진이나 그림으로 기록해 보세요.
아이와 함께 기록해도 좋습니다.

5

책
만들기

나만의 책을 만들어 보자!

🐻 놀이에 필요한 것

(A4 용지) (가위) (풀) (필기도구)

🖊️ 놀이 전 체크 리스트

✓ 내 손으로 직접 책을 만든다면 어떤 책을 만들고 싶은지 아이와 함께 충분히 의논해 보면 좋습니다.

✓ 아이가 흥미를 느끼는 방향이나 아이가 내는 아이디어로 놀이를 수정할 수 있습니다.

✓ 아이가 책에 호기심을 느낄 수 있도록 자극하는 가장 강력한 계기는 엄마 아빠가 재미있게 책 읽는 모습입니다.

✓ 아이와 함께 우리 동네의 작고 큰 도서관을 주기적으로 찾아가 보면 좋습니다.

✓ 책의 종류는 매우 다양하며 형태도 여러 가지임을 알려 주세요.

👍 이런 점이 좋아요!

책은 종이로 만들어졌기 때문에 특유의 질감, 냄새 등을 느낄 수 있으며 온라인 매체로는 경험할 수 없는 감성도 얻을 수 있습니다. 평소에 책을 가까이하지 않더라도 수많은 책이 꽂혀 있는 도서관에 가면 한 권쯤 읽고 싶다는 마음이 생깁니다. 엄마 아빠가 책을 읽으며 재미있어 하는 모습을 반복해서 보여 주면 아이도 책을 읽고 싶다는 자극을 받습니다. 여러 형태의 책을 살펴보고 직접 책을 만들어 보면 글자와 책에 대한 호기심을 자연스럽게 키울 수 있으며 스스로 책 읽는 습관도 길러집니다. 이 놀이는 글자, 낱말, 문장, 짧은 글을 읽고 쓰며 흥미를 갖고 한글 자모의 이름과 소릿값을 알아 가는 초등학교 교육 과정의 '국어'와 직접적으로 연계됩니다.

🧩 관련 유치원 교육 과정

| 의사소통 | 읽기와 쓰기에 관심 가지기 | • 말과 글의 관계에 관심을 가진다.
• 주변의 상징, 글자 등의 읽기에 관심을 가진다.
• 자신의 생각을 글자와 비슷한 형태로 표현한다. |
| | 책과 이야기 즐기기 | • 책에 관심을 가지고 상상하기를 즐긴다.
• 동화, 동시에서 말의 재미를 느낀다.
• 말놀이와 이야기 짓기를 즐긴다. |

놀이 속으로 풍덩!

  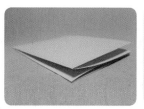 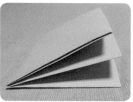

1 A4 용지를 사진의 순서대로 접어요. 위쪽으로 반을 접고, 옆쪽으로 다시 반을 접어요. 그리고 다시 옆쪽으로 한 번 더 반을 접어요.

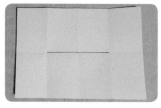  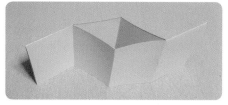

2 접었던 것을 모두 펴고, 검은색 부분을 가위로 오려요. 옆쪽으로 반을 접으면 쉽게 오릴 수 있어요.

3 다시 편 후, 위쪽으로 반을 접고 종이의 양쪽 끝을 잡고 가운데 방향으로 살짝 밀어 가위로 오린 부분을 사진과 같이 만들어요.

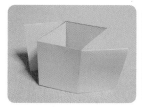   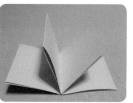

4 종이의 양쪽 끝을 가운데 방향으로 계속 밀면 납작하게 접힌 모양이 돼요.

5 옆쪽으로 반을 접으면 책이 만들어집니다.

 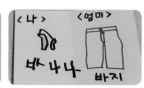 

 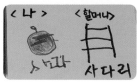 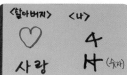

6 아이와 함께 의논해서 '바' 자로 시작되는 낱말 책, '사' 자로 시작되는 낱말 책 등을 만들어 보아요. 가족들이 순서대로 번갈아 가며 생각을 모으고 그림도 그려 보아요.

🎈 이렇게도 놀 수 있어요!

1️⃣ 종이 한 장으로 팝업 북 만들기

놀이에 필요한 것 A4 용지 한 장, 가위, 필기도구

  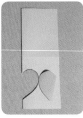  

1 A4 용지를 위쪽 방향, 옆쪽 방향으로 한 번씩 접어요.

2 접은 종이를 사진과 같이 길쭉한 모양으로 펼친 뒤, 원하는 모양의 반쪽 그림을 그리고, 검은색 선이 있는 부분까지만 가위로 오려요.

3 종이를 사진과 같이 접은 뒤 빨간색 선 부분은 앞쪽으로 튀어나오도록 접고, 파란색 선 부분은 뒤쪽으로 접어요.

4 나에게 소중한 것들을 글과 그림으로 표현해 나만의 책을 만들어 보아요.

2️⃣ 종이 두 장으로 팝업 북 만들기

놀이에 필요한 것 색깔이 다른 A4 용지 두 장, 가위, 풀, 필기도구

1 반으로 자른 A4 용지를 반으로 접은 뒤, 사진과 같이 선을 그려요.

2 검은색 선이 있는 부분까지만 가위로 오리고, 사진과 같이 접었다 펴요.

3 접은 종이를 펼쳐 빨간색 선 부분은 앞쪽으로 튀어나오도록 접고, 파란색 선 부분은 뒤쪽으로 접어요.

4 반으로 접은 다른 종이에 붙여요. 가운데 접은 선을 잘 맞춰서 붙여 보아요.

5 동화책을 읽은 뒤 주인공에게 하고 싶은 말을 글과 그림으로 표현해서 나만의 책을 만들어 보아요.

6 2개의 선을 사진과 같이 오려 접으면 말하는 모양의 팝업 북을 만들 수도 있어요.

③ 계단 팝업 북 만들기

색깔이 다른 A4 용지 두 장, 가위, 풀, 필기도구

1 반으로 자른 A4 용지를 반으로 접은 뒤, 사진과 같이 선을 그려요.

2 검은색 선이 있는 부분까지만 가위로 오리고, 사진과 같이 접었다 펴요.

3 접은 종이를 펼쳐 빨간색 선 부분은 앞쪽으로 튀어나오도록 접고, 파란색 선 부분은 뒤쪽으로 접어요.

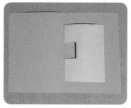

4 반으로 접은 다른 종이에 붙여요. 가운데 접은 선을 잘 맞춰 붙여 보아요.

5 원하는 그림을 그리고 오린 뒤, 튀어나온 부분에 붙여 나만의 책을 만들어 보아요.

나의 집콕 놀이 다이어리

놀이의 결과물이나 놀이하는 모습을 사진이나 그림으로 기록해 보세요. 아이와 함께 기록해도 좋습니다.

6

글자
기억력 게임

맞추면
내 것!

🎒 놀이에 필요한 것

[다 쓴 물티슈 캡(같은 색, 같은 모양) 10개]   [상자]   [글자가 적힌 봉지 또는 종이]   [가위]   [풀]

🖍 놀이 전 체크 리스트

✓ 물티슈 캡으로 어떤 놀이를 할 수 있을지 아이와 함께 충분히 의논해 보면 좋습니다.

✓ 아이가 흥미를 느끼는 방향이나 아이가 내는 아이디어로 놀이를 수정할 수 있습니다.

✓ 다 쓴 뒤 그냥 버렸던 물건을 다시 사용하며 환경을 보호할 수 있도록 도와주세요.

✓ 집에 있는 물건 중 글자가 적힌 것(과자 봉지, 음식물 봉지, 신문, 전단지 등)을 활용합니다.

✓ 글자를 놀이처럼 자주 접하며 즐겁게 익힐 수 있도록 도와주세요.

👍 이런 점이 좋아요!

아이들은 글자의 모양을 기억하는 것을 시작으로 글자를 익힙니다. 자음과 모음 각각을 먼저 배우는 것보다 글자의 전체적인 모양을 구별하는 것으로 글자를 익히는 것이 좋습니다. 집에서 많이 사용하는 물건에 적힌 글자를 찾아보고 그 모양을 기억해 연결 지어 보는 경험들을 차곡차곡 쌓으며 글자를 하나씩 익힐 수 있습니다. '듣기'를 잘할 때 '말하기' 능력이 생기는 것처럼 '읽기'를 잘할 때 '쓰기' 능력도 수월하게 키울 수 있습니다. 이 놀이는 '읽기'의 가치를 깨닫고 자발적 읽기를 생활화하는 초등학교 교육 과정의 '국어'와 직접적으로 연계됩니다. 글자를 기억하고 연결 지어 보면서 약속과 규칙을 지키고 놀이하는 '바른 생활', '즐거운 생활'과도 연결됩니다.

⚙ 관련 유치원 교육 과정

의사소통	읽기와 쓰기에 관심 가지기	• 말과 글의 관계에 관심을 가진다. • 주변의 상징, 글자 등의 읽기에 관심을 가진다. • 자신의 생각을 글자와 비슷한 형태로 표현한다.
사회관계	더불어 생활하기	• 약속과 규칙의 필요성을 알고 지킨다.

🐝 놀이 속으로 풍덩!

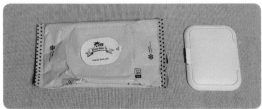

1 다 쓴 물티슈 캡(같은 색, 같은 모양)을 모아요. 물티슈 포장지를 떼어 내요. 냉동실에 5분 정도 넣어 두었다 캡을 떼어 내면 쉽게 떨어져요.

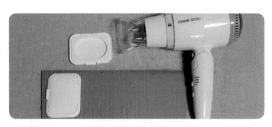

2 상자에 물티슈 캡을 붙여요. 물티슈에서 떼어 낸 그대로도 잘 붙지만 드라이어로 따뜻한 바람을 30초 정도 쏘이면 더 잘 붙어요.

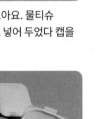

3 상자에 붙인 물티슈 캡 테두리를 가위로 오려요. 같은 과정으로 물티슈 캡 10개를 만들어요.

4 글자가 적힌 물건을 찾아 글자 부분을 가위로 오린 뒤, 물티슈 캡 안에 넣어요. 비닐봉지에 적힌 글자는 두꺼운 종이에 붙여서 넣으면 좋아요. 다섯 종류의 글자가 2개씩 필요해요.

5 글자가 들어 있는 물티슈 캡 뚜껑을 닫고, 골고루 섞어요.

6 가위바위보로 순서를 정하고, 순서대로 한 명씩 물티슈 캡 2개를 골라 뚜껑을 열어 보아요. 각기 다른 글자가 나오면 물티슈 캡을 가져갈 수 없어요.

7 같은 글자가 나오면 물티슈 캡을 가져가요.

8 물티슈 캡을 누가 더 많이 가져갔는지 세어 보아요.

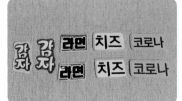

9 다른 글자로 바꾸거나 캡의 개수를 늘려도 돼요.

🎈 이렇게도 놀 수 있어요!

1 글자 보물찾기

놀이에 필요한 것 떠먹는 요구르트 통 3~5개, 글자 카드

1 떠먹는 요구르트 통을 잘 씻어 말려 놓아요.

2 집에서 글자가 적힌 물건(과자 봉지, 음식물 봉지, 신문, 전단지 등)을 찾아 글자 부분을 가위로 오린 뒤 두툼한 상자에 붙여 작은 글자 카드를 만들어요.

3 요구르트 통 여러 개를 뒤집어 놓은 뒤, 그중 하나를 골라 글자 카드를 그 안에 넣어 두어요.

4 엄마 아빠가 요구르트 통의 자리를 여러 번 바꾸고, 아이는 잘 지켜보며 어떤 통에 글자가 들어 있는지 맞혀요.

5 글자 카드를 찾으면 어떤 글자인지 엄마 아빠와 함께 읽어 보아요. 이 글자를 어디서 보았는지 기억해 보아요.

6 요구르트 통 개수를 점점 늘리며 놀이해 보아요.

② 계란판 기억력 게임

놀이에 필요한 것 계란판 1개, 스티로폼 공 또는 탁구공 10개, 스티커(색깔, 숫자 등)

1 스티로폼 공 5개에 각각 다른 스티커를 붙여요.

2 스티커 붙인 스티로폼 공 5개를 계란판 한쪽에 줄을 세워 담아요. 남은 스티로폼 공 5개에도 같은 방식으로 스티커를 붙여 총 두 세트가 되도록 준비해요.

3 모든 스티커가 보이지 않도록 공을 뒤집어 놓아요.

4 같은 줄 내에서 공 위치를 섞어요.

5 가위바위보로 순서를 정하고, 한 명씩 2개의 스티로폼 공을 선택해요. 양쪽 줄에서 각각 하나씩 선택해야 해요.

6 선택한 스티로폼 공의 스티커를 확인해 보고, 같은 스티커가 나오면 공을 가져갈 수 있어요. 스티로폼 공을 누가 더 많이 가져갔는지 세어 보아요.

7 공의 개수를 늘려 가며 놀이해 보아요.

나의 집콕 놀이 다이어리

놀이의 결과물이나 놀이하는 모습을 사진이나 그림으로 기록해 보세요. 아이와 함께 기록해도 좋습니다.

7

가족 릴레이
동화책 만들기

 놀이에 필요한 것

(스프링 노트) (필기도구)

**놀이 전
체크 리스트**

✓ 어떤 소재(사진 한 장, 털실 한 가닥, 빗줄기 등)로 동화 내용을 시작할지를 먼저 결정하면 동화 만들기
  가 수월합니다.

✓ 이전 페이지의 내용을 보고 가족들이 돌아가며 한 페이지씩 동화를 이어 만듭니다.

✓ 아이가 흥미를 느끼는 방향이나 아이가 내는 아이디어로 놀이를 수정할 수 있습니다.

✓ 글자 쓰는 것은 어려울 수 있으니 간단히 쓰도록 하거나 엄마 아빠가 도와줍니다.

✓ 완성된 동화를 가족들과 함께 읽고 서로의 느낌을 말해 보면 좋습니다.

✓ 놀이를 반복할수록 짜임새 있고 창의적인 내용의 동화를 완성할 수 있습니다.

👍 이런 점이 좋아요!

아이들은 반복해서 동화책을 접하면서 자연스레 글자를 익히기도 합니다. 그러나 글자보다 더 중요한 것은 책을 통해 인성,
창의성, 호기심, 상상력 등이 길러진다는 것입니다. 특히 가족들과 함께 어떤 내용으로 완성될지 모르는 릴레이 동화를 만들
어 보면서 아이들은 다른 어느 것에서도 얻을 수 없는 즐겁고 값진 경험을 합니다. 책에 관심을 가지고 상상하는 것을 즐기
고, 이야기 짓기 놀이에 흥미를 둘 수 있으며 상황에 맞는 적절한 언어 표현도 자연스럽게 알아 갑니다. 듣기와 말하기, 읽기
와 쓰기에 관심을 가지는 것은 물론, 책과 이야기를 즐기며 의사소통의 전반적인 능력이 형성됩니다. 이 놀이는 '읽기'의 가
치를 깨닫고 자발적 읽기를 생활화하도록 하는 초등학교 교육 과정의 '국어'와 직접적으로 연계됩니다. 글과 그림을 통해 자
기의 생각과 경험을 표현하고 다른 사람들의 작품을 감상하는 '즐거운 생활'과도 연결됩니다.

**관련 유치원
교육 과정**

의사소통	듣기와 말하기	• 말이나 이야기를 관심 있게 듣는다. • 자신의 경험, 느낌, 생각을 말한다. • 상황에 적절한 단어를 사용해서 말한다. • 상대방이 하는 이야기를 듣고 관련해서 말한다.
	읽기와 쓰기에 관심 가지기	• 말과 글의 관계에 관심을 가진다. • 주변의 상징, 글자 등의 읽기에 관심을 가진다. • 자신의 생각을 글자와 비슷한 형태로 표현한다.
	책과 이야기 즐기기	• 책에 관심을 가지고 상상하기를 즐긴다. • 동화, 동시에서 말의 재미를 느낀다. • 말놀이와 이야기 짓기를 즐긴다.

🐝 놀이 속으로 풍덩!

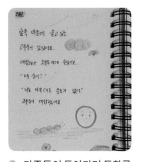

1 어떤 소재(사진 한 장, 털실 한 가닥, 빗줄기 등)로 이야기를 시작할지 아이와 함께 의논하고, 스프링 노트의 첫 페이지에 그림을 그리거나 사진을 붙여요. '노란 고무줄'을 이용한 동화를 만들어 볼까요?

2 가족들이 돌아가며 동화를 만들어요. 그림도 직접 그리고 글자도 써요. 첫 페이지는 이모가 먼저 시작했어요.

3 두 번째 페이지 이야기는 아이가 만들어요. 아이가 글자 쓰는 것을 어려워하면 가족들이 도와줘요.

4 세 번째 페이지 이야기는 할머니가 만들어 보아요.

5 네 번째 페이지 이야기는 엄마가 만들어 보아요.

6 다섯 번째 페이지 이야기는 아빠가 만들어 보아요.

7 여섯 번째 페이지 이야기는 할아버지가 만들어 보아요.

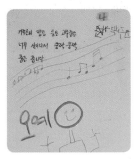

8 일곱 번째 페이지는 다시 이모가 만들어 보아요.

9 마지막 페이지는 아이가 만들어요. 페이지 수는 마음대로 정할 수 있어요.

10 가족들과 함께 생각을 모아 제목을 정하고, 겉표지를 꾸며 보아요.

11 완성한 책은 책꽂이에 꽂아 두어요.

🎈 이렇게도 놀 수 있어요!

1 가족 릴레이 동화책 읽기

> **놀이에 필요한 것** 가족이 함께 만든 릴레이 동화책

> **《울고 있는 고무줄》**
>
> 숲속 마을에 울고 있는 고무줄이 있었어요. 애벌레가 고무줄에게 물었어요.
> "왜 울어?" "나는 아무 데도 쓸모가 없어." 고무줄이 대답했어요.
> "음. 꽃다발 만들 때 꼭 필요해." 애벌레가 말했어요.
> "꼬불꼬불 머리 파마할 때 꼭 필요한데." 할머니가 말했어요.
> "참기름 뚜껑이 없어졌을 때도 필요해." 엄마가 말했어요.
> "고무줄 총 놀이할 때 이 고무줄이 딱 맞지!" 아빠가 말했어요.
> "체온계 뚜껑이 빠졌을 때 고무줄이 꼭 필요하지." 할아버지가 말했어요.
> "나는 머리 묶을 때 고무줄이 꼭 필요하던데." 이모가 말했어요.
> 가족들의 말을 들은 고무줄은 너무 신이 나서 쿵작쿵작 춤을 춥니다. "오예!"

1 우리 가족이 한 페이지씩 만든 릴레이 동화책을 다른 책들과 함께 우리 집 책꽂이에 꽂아 두어요.

2 가족 릴레이 동화책을 자주 읽어요.

3 동화책을 읽고 난 뒤 어떤 생각을 했는지, 가장 기억에 남는 장면은 무엇인지, 느낌은 어떤지 등 책을 읽고 난 뒤의 생각과 느낌을 말해 보아요.

4 스프링 노트를 활용하면 뒷이야기를 계속 이어 나가기 좋아요.

5 뒷이야기가 생각날 때마다 그림과 글로 동화를 만들어 가요.

2 동화 듣고 뒷이야기 짓기

> **놀이에 필요한 것** 동화책, 필기도구

1 엄마 아빠가 동화책을 한 권 골라 읽어 주어요. 아이와 함께 집 근처 도서관에 가서 좋아하는 동화책을 대출할 수도 있어요.

2 동화를 누가 만들었는지 글 작가와 그림 작가를 알아보아요.

3 동화책 속 그림만 다시 보며 어떤 이야기였는지 생각해 보아요.

4 동화책을 읽고 난 뒤 어떤 생각을 했는지, 기억에 남는 장면은 무엇인지, 느낌은 어떤지 등을 나누어요.

5 동화 속 이야기가 계속 이어진다면 어떤 일이 생길지, 동화 속 주인공들은 어떤 행동을 할지 생각해 보아요.

6 자신의 생각을 글과 그림으로 표현해요.

3 동화 속 주인공에게 편지 쓰기

놀이에 필요한 것 | 동화책, 필기도구

1 동화 속 등장인물에 대해 알아보아요.

2 등장인물에게 하고 싶은 말이 있는지 이야기해 보아요.
그 이유에 대해서도 생각해 볼 기회를 가지면 좋아요.

3 자신의 생각을 글과 그림으로 표현해요.

놀이의 결과물이나 놀이하는 모습을 사진이나 그림으로 기록해 보세요.
아이와 함께 기록해도 좋습니다.

집 안 벽에 그림을 그리도록 큰 종이를 붙여 주세요

귀가 윙윙거릴 정도로 끊임없이 시끌시끌하던 아이들이 어느 순간 조용하다 싶으면 두 가지 중 하나입니다. 잠이 들었거나 사고를 치고 있는 중이죠. 아이가 조용히 집 안 벽에 그림을 그리고 있는 장면을 목격한 엄마 아빠는 대뜸 아이를 나무라기 쉽습니다. 그러나 감정이 격해지기 전에 잠시 숨을 고르고, 아이에게 벽에 그림 그리는 것이 올바른 행동이 아니라는 것을 알려 준 적이 있는지 먼저 생각해 보아야 합니다.

  필기도구를 다룰 수 있을 정도로 손힘이 생긴 아이들이 어딘가에 계속 끄적거리는 것은 매우 자연스러운 현상입니다. 아이 입장에서는 커다란 공간에 자신의 생각을 표현하고 싶었을 뿐, 벽에 그림 그리는 것이 잘못된 행동인지 미처 몰랐을 가능성이 큽니다. 큰 공간에 그림을 그려 보면서 마냥 즐거웠던 마음이 엄마 아빠의 야단에 상해 버리고, 그림을 그리는 것 자체에 소심해질 수도 있습니다.

이럴 때는 잘못된 행동은 분명하게 알려 주되, 아이의 마음은 존중해 주세요. 우선, 아이가 무언가를 그림으로 표현하고 싶어 했던 마음을 인정해 주세요. 그다음, 자신의 행동을 객관적으로 바라볼 수 있도록 설명해 주는 것이 필요합니다. "○○아, 그림을 엄청 많이 그린 걸 보니 오늘 그리고 싶은 것이 많았구나. 그런데 도화지가 아니라 벽에 그림을 그렸네."라고요. 또한 아이가 마음 놓고 신나게 그림을 그릴 수 있도록 전지 크기의 종이를 벽에 붙여 주거나 유리에 그리고 지울 수 있는 펜을 준비해 주는 것도 좋습니다. 아이의 그림에 가족들의 그림을 더해 멋진 벽화를 만들어 보는 것도 추천합니다. 훗날 최고의 디자이너, 최고의 화가가 되어 있는 우리 아이의 미래를 상상해 보세요.

쏙쏙 정보

놀이가 뇌 발달에 미치는 영향

아이들이 '논다'는 것은 단순한 놀이의 차원을 넘어 무언가를 경험하고 사고하며 배운다는 의미입니다. 작은 블록을 쌓아 올리면서도 아이들은 쓰러뜨리지 않으려면 어떻게 해야 할지, 어제보다 더 높이 쌓아 올리려면 주변의 어떤 도구를 활용하고 누구에게 어떤 도움을 받아야 하는지를 생각합니다. 단순해 보이는 아이의 놀이 속에 생각과 판단, 신체 조절, 도움 청하기, 주변 상황 파악하기 등의 끊임없는 과정이 들어 있습니다. 아이가 시끄러울 정도로 활발하게 놀이에 빠져 있다면 지금 우리 아이의 뇌는 열심히 반짝거리며 똑똑해지고 있는 중입니다. 끊임없이 사고하고 판단하며 정상적으로 잘 성장하고 있는 것이지요.

뇌 발달 전문가들에 따르면, 만 6세까지가 인간의 종합적인 사고를 담당하는 뇌의 앞부분, 즉 전두엽이 집중적으로 발달하는 시기입니다. 종합적인 사고력과 창의력, 판단력, 주의 집중력, 감정 조절 능력뿐만 아니라 인간성과 도덕성을 담당하는 뇌 기능도 발달하는 시기입니다.

이 시기는 학습 영역의 뇌가 발달하지 않기 때문에 그저 놀이로 뇌 발달을 돕는 것이 필요합니다. 한글 교육을 서둘러 글자를 암기하도록 하거나 외국어 교육을 조기에 해야 한다는 정보를 믿고 영어 학원에 보내는 것은 엄청난 뇌 발달 시기를 놓치는 동시에 시간과 돈을 낭비하는 일입니다. 조기 교육의 대부분은 부모의 불안에서 비롯된다는 것을 기억해 주세요.

인간의 뇌는 다른 장기와는 달리 태어날 때 매우 미숙한 상태였다가 성인이 되어 가면서 비로소 성숙해집니다. 그리고 성숙과 발달에는 모두 적합한 시기가 있습니다. 시기를 놓치고 지나가 버리면 다시 되돌릴 수 없으며 결핍 상태로 머무르게 됩니다. 아이의 뇌가 발달 시기에 맞춰 채워야 할 것을 차곡차곡 채우며 올바르게 성숙할 수 있도록 도와주어야 합니다.

10층짜리 기초 공사 위에는 10층 건물을 지을 수 있고, 100층짜리의 기초 공사 위에는 100층 건물을 짓는 것처럼 기초 공사가 튼튼할수록 높은 건물을 지을 수 있습니다. 우리 아이 뇌 발달의 기초 공사는 바로 놀이입니다. 넘칠 정도로 충분한 놀이가 아이의 건강한 성장을 가능하게 합니다.

3

나를 소중히 여기며
더불어 살아가는 태도가
형성되는 놀이

놀이 목록

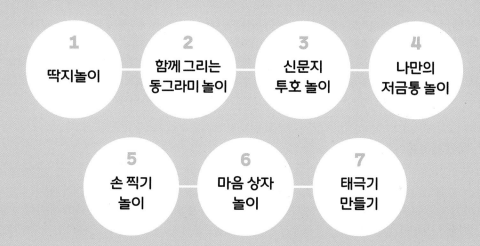

1 딱지놀이

2 함께 그리는 동그라미 놀이

3 신문지 투호 놀이

4 나만의 저금통 놀이

5 손 찍기 놀이

6 마음 상자 놀이

7 태극기 만들기

이 장에서 소개하는 놀이는 아이들이 자기 자신과 다양한 삶의 모습을 이해하고,
다른 사람과 더불어 살아가기 위해 필요한 의미 있는 경험과 관련이 깊습니다.

1

딱지놀이

🎒 놀이에 필요한 것

[200밀리리터 우유갑] [가위]

**놀이 전
체크 리스트**

✓ 우유갑을 이용해 어떤 놀이를 할 수 있을지 아이와 함께 충분히 의논해 보면 좋습니다.

✓ 아이가 흥미를 느끼는 방향이나 아이가 내는 아이디어로 놀이를 수정할 수 있습니다.

✓ 우유갑은 잘 씻어 말린 뒤 사용하세요.

✓ 우유갑이 두꺼워 가위로 오리는 것이 어려울 수 있으니 처음에는 엄마 아빠가 도와주세요.

✓ 가위를 사용한 뒤 오므려 놓는 습관을 기르도록 도와주세요.

✓ 놀이에는 규칙이 있으며 질 수도 있다는 것을 이해하고 받아들일 수 있도록 해 주세요.

👍 이런 점이 좋아요!

딱지놀이는 예부터 내려오는 우리나라의 전래 놀이 중 하나입니다. 가족과 함께 딱지놀이를 하다 보면 놀이에 필요한 약속과 규칙을 이해하고 지키려고 노력합니다. 이를 통해 다른 사람의 감정, 생각, 행동도 존중하기 때문에 더불어 생활하기 위한 기초적인 태도를 기를 수 있습니다. 두꺼운 종이, 얇은 종이로 딱지를 접으면 소근육과 대근육도 발달해서 자신의 신체를 적절히 조절하고 조금 더 수준 높은 신체 활동도 도전하고 즐기게 됩니다. 이 놀이는 딱지를 직접 접고 친구들과 함께 놀이해 보는 초등학교 교육 과정의 '즐거운 생활'과 관련이 깊습니다. 놀이의 약속과 규칙을 정하고 그것을 지키려고 노력하는 것은 학기 초에 학교생활의 약속을 정하고 지키는 '슬기로운 생활'과도 연계됩니다.

🔗 관련 유치원 교육 과정

사회관계	더불어 생활하기	• 서로 다른 감정, 생각, 행동을 존중한다. • 약속과 규칙의 필요성을 알고 지킨다.
	사회에 관심 가지기	• 우리나라에 대해 자부심을 가진다.
신체 운동·건강	신체 활동 즐기기	• 신체를 인식하고 움직인다. • 신체 움직임을 조절한다. • 기초적인 이동 운동, 제자리 운동, 도구를 이용한 운동을 한다. • 실내외 신체 활동에 자발적으로 참여한다.
자연 탐구	생활 속에서 탐구하기	• 물체를 세어 수량을 알아본다.

🏐 놀이 속으로 풍덩!

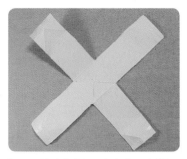

1 200밀리리터 우유갑의 네 모서리를
  가위로 잘라요. 4개의 날개가
  만들어져요.

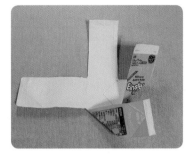

2 각각의 날개를 대각선으로 꺾어 접되
  4개의 날개가 한 방향을 향하도록
  접어요.

3 뒤집어 보면 바람개비와 같은 모양이
  되어요. 바람개비 날개의 흰색 부분을
  가위로 잘라 내요.

4 사진과 같이 세모꼴의 날개만 남아요.

5 다시 뒤집은 뒤, 4개의 세모꼴 날개를
  하나씩 포개어 접어요.

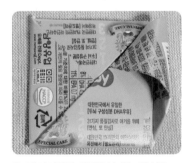

6 맨 마지막의 세모꼴 날개는 맨 처음
  접은 날개 속으로 들어가도록 끼워
  넣어요.

7 가위바위보로 순서를 정하고, 이긴 사람이 자기의 딱지로
  상대방의 딱지를 쳐. 상대방의 딱지가 뒤집어지면
  상대방의 딱지를 가져와요.

8 딱지를 누가 많이 모았는지 세어 보아요.

🎈 이렇게도 놀 수 있어요!

1️⃣ 양면 딱지 만들기

> 놀이에 필요한 것 : 900밀리리터 우유갑, 가위

1 900밀리리터 우유갑의 네 모서리를 잘라요. 4개의 날개가 만들어져요.

2 하나의 날개를 대각선으로 꺾어 접어 올려요.

3 같은 날개를 한 번 더 꺾어 접어 올려요.

4 접고 남은 부분을 사진과 같이 가위로 잘라 내요.

5 마주보는 날개도 같은 방법으로 두 번 꺾어 접어 올려요.

6 세모꼴 날개를 맨 처음 접은 날개 속으로 들어가도록 끼워 넣어요.

7 우유갑을 뒤집어요.

8 2~6번까지의 순서와 같이 반복해서 접어요. 두툼한 양면 딱지가 만들어져요.

2️⃣ 나만의 딱지 벨트 만들기

> 놀이에 필요한 것 : 900밀리리터 우유갑, 스카치테이프

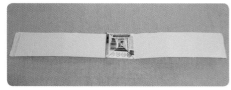

1 양면 딱지 접기 순서의 **6**번까지 접은 뒤, 스카치테이프로 붙여 벨트를 만들어요.

2 스카치테이프 대신 벨크로(찍찍이)를 사용하면 길이를 조절할 수 있어요.

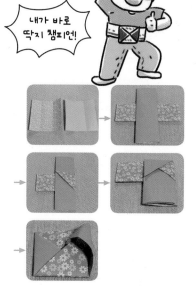

내가 바로 딱지 챔피언!

③ 다양한 방법으로 딱지 접기

놀이에 필요한 것 신문지, 색종이, A4 용지 등 우리 집에 있는 종이

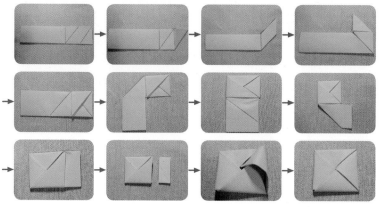

1 우리 집에 있는 다양한 종이 한 장을 이용해 사진과 같이 딱지를 접어 보아요.

2 우리 집에 있는 다양한 종이 두 장을 이용해 사진과 같이 딱지를 접어 보아요.

나의 집콕 놀이 다이어리

놀이의 결과물이나 놀이하는 모습을 사진이나 그림으로 기록해 보세요.
아이와 함께 기록해도 좋습니다.

2

함께 그리는 동그라미 놀이

🎒 놀이에 필요한 것

> 우산 또는 긴 막대(긴 나뭇가지)

🖋 놀이 전 체크 리스트

- ✓ 동그라미 그리는 방법에 대해서 아이와 함께 충분히 생각해 보아요.
- ✓ 아이가 흥미를 느끼는 방향이나 아이가 내는 아이디어로 놀이를 수정할 수 있습니다.
- ✓ 함께할 수 있는 것, 함께해야 하는 것, 함께해서 좋은 점 등에 대해서 아이와 생각을 나눠 보면 좋습니다.
- ✓ 마른땅과 젖은 땅의 차이를 경험하도록 도와주세요.

👍 이런 점이 좋아요!

함께 동그라미 그리기 놀이를 하다 보면 어떤 일을 다른 사람과 함께할 때 더 가치 있게 성공할 수 있음을 배웁니다. 혼자서는 해결할 수 없는 상황에 부딪혔을 때 나와 다른 사람이 서로 도움을 주고받으며 문제를 풀어 갈 수 있다는 것을 경험하며 더불어 살아가는 방법도 깨닫습니다. 작은 동그라미, 큰 동그라미를 그려 보며 자신의 신체를 적절히 조절하게 되고 신체 활동에 대한 즐거움도 느낍니다. 이 놀이는 우리 주변의 여러 가지 모양을 찾고 같은 모양끼리 분류해 보며, 모양에 성질이 있다는 것을 알아 가는 초등학교 교육 과정의 '수학'과 관련이 깊습니다. 학교에서의 많은 놀이를 친구와 함께하며 사회관계를 익히게 되는 '슬기로운 생활'과도 연계됩니다.

⚙ 관련 유치원 교육 과정

사회관계	더불어 생활하기	• 친구와 서로 도우며 사이좋게 지낸다. • 서로 다른 감정, 생각, 행동을 존중한다.
신체 운동·건강	신체 활동 즐기기	• 신체를 인식하고 움직인다. • 신체 움직임을 조절한다. • 기초적인 이동 운동, 제자리 운동, 도구를 이용한 운동을 한다.
자연 탐구	생활 속에서 탐구하기	• 물체의 위치와 방향, 모양이 있음을 알고 구별한다.

🏀 놀이 속으로 풍덩!

1 공원이나 학교 운동장으로 나가 중심이 될 지점을 정해요.

2 엄마는 중심이 될 지점에 발을 고정한 뒤, 아이와 손을 잡아요.

3 엄마와 아이 모두 팔을 쭉 뻗은 상태로 한 바퀴를 돌며 우산으로 지나가는 자리를 그려 보아요.

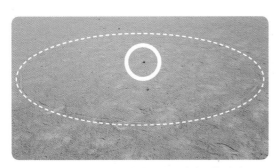

4 어떤 모양이 그려졌는지 살펴보아요. 비가 그친 뒤 젖은 흙에서는 더 선명한 원이 그려진답니다.

원을 이렇게도 그릴 수 있네.

🎈 이렇게도 놀 수 있어요!

엄마 펜~

아이 펜!

1 조각 종이로 동그라미 그리기

놀이에 필요한 것 길쭉한 모양의 조각 종이, 동그라미가 그려질 종이, 펜 2개(연필, 볼펜 등)

1 길쭉한 모양의 조각 종이에 2개의 구멍을 뚫어요.

2 하나의 구멍에 펜 하나를 꽂아 움직이지 않도록 잘 잡고, 다른 구멍에 펜을 꽂은 뒤 조각 종이를 팽팽하게 유지하며 동그라미를 그려요.

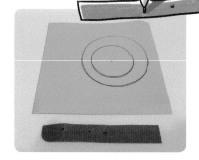

3 밖에 나가 원을 그렸을 때를 떠올리며, 엄마와 아이의 역할을 하는 펜이 각각 어떤 것인지 생각해 보아요.

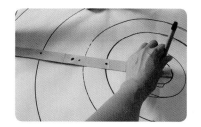

4 크기가 다른 여러 개의 동그라미를 그릴 수 있어요. 큰 동그라미를 그릴 때는 가족의 도움이 필요해요.

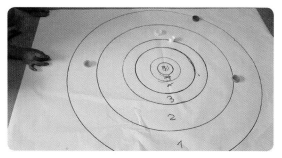

5 중심을 잘 맞춰 그린 여러 개의 동그라미는 다른 놀이에도 활용할 수 있어요.

② 집에 있는 물건 찾아 동그라미 그리기

놀이에 필요한 것 집에 있는 물건, 필기도구

1 집에 있는 물건 중 동그라미를 그릴 수 있는 것을 찾아보아요.

2 다양한 크기의 동그라미를 그려 볼 수 있어요.

나의 집콕 놀이 다이어리

놀이의 결과물이나 놀이하는 모습을 사진이나 그림으로 기록해 보세요.
아이와 함께 기록해도 좋습니다.

3

신문지 투호 놀이

 **놀이에 필요한 것**

신문지 ｜ 종이 상자 ｜ 가위 ｜ 스카치테이프

**놀이 전
체크 리스트**

✓ 신문지를 활용해서 어떤 놀이를 할 수 있을지 아이와 함께 충분히 의논해 보면 좋습니다.

✓ 아이가 흥미를 느끼는 방향이나 아이가 내는 아이디어로 놀이를 수정할 수 있습니다.

✓ 종이 상자까지의 거리, 종이 상자의 크기에 따라 난이도가 달라질 수 있습니다.

✓ 처음에는 쉬운 방법으로 시작해서 놀이에 흥미를 갖고 성취감을 느끼도록 도와주세요.

👍 이런 점이 좋아요!

투호 놀이는 왕이 살던 궁중이나 양반 가정에서 하던 우리나라의 전래 놀이입니다. 친척들이 모이는 명절이나 잔칫날 마당에 나가 편을 나누고 항아리에 화살을 많이 던져 넣는 팀이 이기는 놀이였지요. 주변에서 쉽게 구할 수 있는 신문지와 종이 상자를 활용해서 투호 놀이를 가족들과 함께하다 보면 서로의 감정과 행동을 존중하고 약속과 규칙을 지킬 줄 알게 됩니다. 전래 놀이를 경험해 보며 우리나라에 대한 자부심을 갖고 다른 나라의 다양한 문화에도 관심을 둘 수 있습니다. 이 놀이는 다른 사람과의 관계 속에서 약속과 규칙을 지키며 타문화에 대해 공감하는 초등학교 교육 과정의 '바른 생활'과 관련이 깊습니다. 우리나라와 다른 나라의 생활 모습과 놀이 등 문화를 접해 보고 즐기는 '슬기로운 생활', '즐거운 생활'과도 연계됩니다.

관련 유치원 교육 과정

사회관계	더불어 생활하기	• 서로 다른 감정, 생각, 행동을 존중한다. • 약속과 규칙의 필요성을 알고 지킨다.
	사회에 관심 가지기	• 우리나라에 대해 자부심을 가진다. • 다양한 문화에 관심을 가진다.
신체 운동·건강	신체 활동 즐기기	• 신체를 인식하고 움직인다. • 신체 움직임을 조절한다. • 기초적인 이동 운동, 제자리 운동, 도구를 이용한 운동을 한다.

🏀 놀이 속으로 풍덩!

1 옛날 사람들은 투호 놀이를 어떻게 했는지 옛 그림 속에서 살펴보아요.

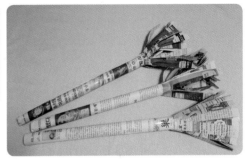

2 신문지의 한쪽을 가위로 잘라 여러 갈래를 만든 뒤, 돌돌 말아
스카치테이프로 고정하여 긴 막대를 만들어요.

3 종이 상자를 적당한 위치에 놓고 신문지 투호를 던져 골인시켜 보아요. 가족과 함께 놀이하면서 누가 많이 골인시키는지 세어
보아요. 조금 더 어렵게 하고 싶다면 상자를 더 멀리 두거나 더 작은 상자를 활용해요.

🎈 이렇게도 놀 수 있어요!

1️⃣ 신문지 커튼 만들기

놀이에 필요한 것 신문지, 스카치테이프

1 신문지를 길게 찢어요. 어떤 방향으로 잘 찢어지는지 살펴보아요. 우리 집의 방, 거실, 창문 등 원하는 곳에 빨랫줄처럼 스카치테이프를 붙여요. 폭이 넓은 스카치테이프를 활용하면 좋아요.

2 길게 찢은 신문지를 스카치테이프에 하나씩 붙여 커튼을 만들어요. 숨바꼭질 놀이도 해 보아요.

2️⃣ 인디언으로 변신하기

놀이에 필요한 것 신문지 커튼, 신문지 투호 막대

1 신문지 커튼을 정리해야 할 때, 그냥 버리지 말고 신문지 커튼을 그대로 떼 내어 몸에 빙글빙글 두르면 순식간에 인디언으로 변신해요.

2 투호 놀이 때 사용했던 막대를 손에 들고, 인디언이 되어 신나는 춤도 춰요.

③ 지금은 정리할 시간

놀이에 필요한 것 신문지 투호 막대, 두꺼운 종이

작은 먼지도 쓱싹쓱싹!

1 신문지 투호 놀이 막대가 빗자루로 변신할 수도 있어요.

2 두꺼운 종이는 쓰레받기로, 종이 상자는 쓰레기통으로 활용해서 우리 집을 깨끗하게 청소해요.

나의 집콕 놀이 다이어리

놀이의 결과물이나 놀이하는 모습을 사진이나 그림으로 기록해 보세요. 아이와 함께 기록해도 좋습니다.

저금통

2020. 11. 10.(화)

차곡차곡 모아보자!

4

나만의 저금통 놀이

🎒 놀이에 필요한 것

(다 쓴 각 티슈 상자(작은 것)) (종이(신문지 등)) (풀) (가위)

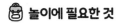

놀이 전 체크 리스트

✔ 작은 각 티슈 상자를 활용해서 어떤 놀이를 할 수 있을지 아이와 함께 충분히 의논해 보면 좋습니다.

✔ 아이가 흥미를 느끼는 방향이나 아이가 내는 아이디어로 놀이를 수정할 수 있습니다.

✔ 처음에는 작은 상자로 저금통을 만들어 저금통을 채우는 데 걸리는 시간을 줄이면 아이가 지루해 하지 않고 성취감을 느낄 수 있습니다.

✔ 저금통이 꽉 차면 모은 돈으로 무엇을 하고 싶은지 말해 보며 기대감을 갖고 지속적으로 놀이하도록 도와주세요.

✔ 정당한 방법으로 저금하는 습관이 형성되는 것이 중요합니다.

✔ 우리나라의 옛날 돈에 대해서 알아보는 것도 좋습니다.

👍 이런 점이 좋아요!

우리 동네에는 우체국, 경찰서, 병원, 은행, 마트 등 여러 기관이 있습니다. 아이들은 이러한 기관과 관련된 역할 놀이를 매우 좋아하지요. 은행에 대해 알아보고 자기만의 저금통을 만들어 저금해 보면 내가 사는 곳과 내가 할 수 있는 것에 관심을 갖고 성취감을 느끼며 스스로를 존중하게 됩니다. 화폐의 단위를 정확하고 세밀하게 알기는 어렵지만, 돈에는 지폐와 동전이 있으며 각각의 가치가 있다는 것도 알아 갑니다. 스스로 절제하며 용돈을 합리적으로 사용하는 습관도 길러집니다. 이 놀이는 이웃의 생활 모습을 알아보고 공공장소와 시설물을 활용해 보는 초등학교 교육 과정의 '슬기로운 생활' 및 '즐거운 생활'과 연계됩니다. 사물의 개수와 양에 대해 알아보고 두 자릿수 범위의 연산을 해 보는 '수학'과도 연결됩니다.

🔗 관련 유치원 교육 과정

사회관계	나를 알고 존중하기	• 내가 할 수 있는 것을 스스로 한다. • 다양한 문화에 관심을 가진다.
	사회에 관심 가지기	• 내가 살고 있는 곳에 대해 궁금한 것을 알아본다.
자연 탐구	생활 속에서 탐구하기	• 물체를 세어 수량을 알아본다.

놀이 속으로 풍덩!

KB 국민은행　우리은행　경남은행　수 협　하나은행　부산은행

기업은행　우 체 국　광주은행　신한은행　citibank　전북은행

농 협　SC제일은행　대구은행　외환은행　ⓤbank kdb 산업은행　제주은행

1　우리 동네의 여러 기관 중, 은행에 대하여 알아보아요. 은행을 나타내는 상징, 은행에 계신 분들이 하는 일 등도 살펴보아요.
은행에 대해 궁금한 것을 생각해 본 뒤에 아이와 함께 은행을 방문해 보아요.

2　작은 각 티슈 상자를 버리지 말고 모아요. 그대로 사용해도 좋고, 꾸며 봐도 좋아요. 종이를 찢거나 돌돌 말거나 접거나 꼬아서
저금통에 붙여 만들어 보아요. 메모지에 저금을 시작한 날짜를 써서 붙여 놓는 것도 좋아요. 저금할 돈은 언제 생기는지 엄마
아빠와 함께 생각해 보아요. 집안일을 도우거나 내 일을 스스로 잘했을 때 용돈을 받을 수도 있고, 할머니 할아버지께 용돈을 받을
수도 있어요. 저금통을 잘 보이는 곳에 두고 차곡차곡 저금해요.

3　우리나라의 옛날 돈과 세계 여러 나라의 돈에 대해 더 알아보아요. 도서관에서 책을 대출하거나 인터넷으로
검색해서 알아볼 수 있어요.

🎈 이렇게도 놀 수 있어요!

1 내 통장이 생겼어요

놀이에 필요한 것 통장 만들 때 필요한 것들(가족관계증명서, 자녀 명의 기본 증명서, 부모님 신분증, 도장)

1 아이와 함께 은행에 가서 아이 이름의 통장을 만들어요.

2 주기적으로 아이와 함께 은행에 가서 예금과 출금을 해 보아요.
예금 및 출금 과정을 모두 정확하게 아는 것은 아직 어려울 수 있으므로
엄마 아빠와 함께 해 보며 자연스럽게 이해할 수 있도록 도와주세요.

3 통장 정리한 것을 보며 어떤 변화가 있는지 알아보아요.

4 읽은 책을 저금하듯이 기록하면 선물을
받을 수 있는 독서 통장을 활용해 보아요.
도서관에서 만들 수 있는 독서 통장은 책과
가까이하는 좋은 계기가 될 수 있어요.

5000원 더 저금했어요.

그래! 통장 속 숫자가 더 커졌구나.

2 속 보이는 저금통

놀이에 필요한 것 투명한 음료 컵, 매직

1 투명한 음료 컵을 버리지 말고
모았다가 저금통으로 활용해 보아요.

2 저금통이 꽉 차면 무엇을 하고 싶은지
말해 보고, 목표를 투명한 컵에
매직으로 쓰거나 그려 보아요.

3 컵을 잘 보이는 곳에 두고 차곡차곡
저금해요. 얼마나 저금했는지 보이기
때문에 흥미를 느낄 수 있어요.

4 우리나라 동전과 다른 나라 동전을
구별해서 저금해 보거나 저금을
시작한 날짜를 써서 붙여 놓는 것도
좋아요.

③ 동전 탑 쌓기

놀이에 필요한 것 다양한 동전

1 우리 집에 있는 동전을 찾아 모아요. 다른 나라의 동전이 있다면 어느 나라의
동전인지 확인해 보고, 우리나라 동전과 다른 점과 같은 점을 생각해 보아요.

2 동전을 이용해서 아슬아슬 높은 탑을
쌓아 보아요.

나의 집콕 놀이
다이어리

놀이의 결과물이나 놀이하는 모습을 사진이나 그림으로 기록해 보세요.
아이와 함께 기록해도 좋습니다.

5

손 찍기 놀이

안녕!
내가 누구게~?

 놀이에 필요한 것

도화지   물감   붓   필기도구

놀이 전 체크 리스트

✓ 아이의 손과 가족들의 손을 관찰하며 어떤 놀이를 할 수 있을지 함께 충분히 의논해 보면 좋습니다.

✓ 아이가 흥미를 느끼는 방향이나 아이가 내는 아이디어로 놀이를 수정할 수 있습니다.

✓ 지문처럼 '나'를 나타내는 고유한 것들을 알아보고 자신의 소중함을 느끼도록 도와주세요.

✓ 물감이 손과 옷 등에 묻을 때 거부감을 느끼지 않도록 도와주세요.

✓ 가족들의 손을 서로 비교하며 같은 점과 다른 점을 찾아보면 좋습니다.

👍 이런 점이 좋아요!

손 찍기 놀이를 하다 보면 '나'라는 존재가 세상에 하나뿐임을 깨닫고 스스로를 존중하며 소중히 여기는 태도가 생깁니다. 자신을 나타내는 고유한 것들을 알아보고 가족들과 비교해 보면서 가족들에 대한 소중함도 느낍니다. 각자의 개성과 특성을 충분히 말해 보고 가족들이 서로를 인정해 주는 경험을 통해 아이는 긍정적인 자존감을 형성해 나갑니다. 엄마 아빠도 찍어 둔 아이의 손 모양을 보면서 아이에 대한 애정과 사랑을 다시금 확인할 수 있습니다. 물감은 아이들이 흥미로워 하는 놀잇감이므로 자유롭게 활용할 수 있도록 행동에 너무 많은 제약을 두지 않는 것이 좋습니다. 이 놀이는 몸의 각 부분을 알고 나의 재능과 흥미를 스스로 탐색해 보는 초등학교 교육 과정의 '슬기로운 생활'과 연계됩니다. 자신의 생각과 느낌 등을 다양한 방법으로 표현하며 꾸미는 '즐거운 생활'과도 연결됩니다.

✿ 관련 유치원 교육 과정

사회관계	나를 알고 존중하기	• 나를 알고 소중히 여긴다.
예술 경험	창의적으로 표현하기	• 다양한 미술 재료와 도구로 자신의 생각과 느낌을 표현한다.

🏐 놀이 속으로 풍덩!

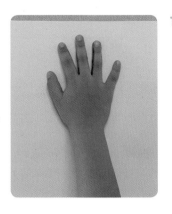

1 붓을 이용해서 손바닥에 물감을 칠한 뒤, 도화지에 찍어 보아요. 물감에 물을 조금만 넣어 진하게 타는 것이 좋아요.

2 도화지에 찍힌 손바닥과 실제 손바닥을 비교해 관찰하면서 무엇이 보이는지 말해 보아요.

3 찍힌 손바닥을 이용해서 어떻게 꾸며 볼 수 있을지 생각한 뒤 실제로 표현해 보아요.

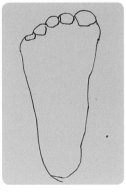

4 내 손과 발을 도화지에 대고 그려 볼 수도 있고, 가족끼리 서로 그려 줄 수도 있어요.

🎈 이렇게도 놀 수 있어요!

① 세상에 하나뿐인 내 지문 찍기

놀이에 필요한 것 도화지, 물감, 붓, 필기도구

1 내 손가락을 관찰하면서 보이는 것과 모양을 말해 보아요. 나와 지문이 똑같은 사람은 없다는 것을 알려 주세요. 일란성 쌍둥이도 지문은 달라요.

2 붓을 이용해서 손가락에 물감을 칠하고, 도화지에 찍어 보아요. 내 손가락의 지문이 어떻게 생겼는지 자세히 관찰해요.

3 찍힌 지문을 이용해서 동물, 음식 등의 모양으로 다양하게 꾸며 보아요. 작품에 대한 아이의 설명을 기록해 두면 좋아요.

4 사람들의 지문이 일상생활에서 어떻게 활용되고 있는지 생각해 보아요.

5 아이의 실종을 예방하고 실종된 경우에 신속하게 찾기 위한 '지문 사전등록제'에 대해 알아보아요.

② 손으로 발 모양 찍기

놀이에 필요한 것 도화지, 물감, 붓

   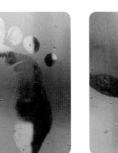

1 주먹을 쥔 손의 옆 부분 (새끼손가락 쪽)을 관찰하고, 붓을 이용해서 물감을 칠한 후 도화지에 찍어요.

2 손가락에 물감을 칠한 뒤, 다섯 개의 지문을 찍으면 귀여운 발 모양을 만들 수 있어요.

3 비나 눈이 오는 날 김이 서린 창문이나 자동차 유리에도 귀여운 발 모양을 만들어 보아요.

③ 발바닥 찍기

놀이에 필요한 것 전지, 물감, 붓

1 내 발바닥을 관찰하면서 어떤 것이 보이는지, 어떤 모양인지 말해 보아요.

2 붓을 이용해서 발바닥에 물감을 칠해요. 의자에 앉은 채 물감을 칠하면 일어날 때 수월해요. 일어선 채 물감을 칠할 때는 넘어지지 않도록 엄마 아빠가 손을 잡아 주어요.

3 전지 위를 마음껏 걸어 보고, 여러 가지 색의 물감을 칠해서 찍어 보아요.

나의 집콕 놀이 다이어리

놀이의 결과물이나 놀이하는 모습을 사진이나 그림으로 기록해 보세요. 아이와 함께 기록해도 좋습니다.

6

마음 상자 놀이

놀이에 필요한 것

상자   필기도구   종이

놀이 전 체크 리스트

✓ 평소에 아이의 기분과 감정에 대해서 자주 이야기 나누며 충분히 공감하고 경청해 주는 것이 좋습니다.

✓ 아이가 흥미를 느끼는 방향이나 아이가 내는 아이디어로 놀이를 수정할 수 있습니다.

✓ 엄마 아빠, 다른 가족들의 감정과 기분도 함께 나누며, 자신의 감정을 적절히 조절할 수 있도록 도와주세요.

✓ 아이에게 속상한 일이 있었다면 충분히 표현하도록 하되, 추궁하거나 다그치지 않습니다.

👍 이런 점이 좋아요!

자신의 감정을 적절히 표현하는 것은 인생을 살아가는 데 매우 중요한 부분입니다. 아이들은 어렸을 때 부모와의 상호 작용과 모델링을 통해 자연스레 감정 표현을 몸과 마음에 익힙니다. 말을 배우기 전에는 울거나 무는 행동 등으로 자신의 감정을 표현합니다. 하지만 말을 배우기 시작하면서부터는 말로 적절히 마음을 표현해야 하기 때문에 자신의 감정을 충분히 표현할 수 있는 분위기를 만들어 주어야 합니다. 가족과 서로의 생각과 감정을 나누는 경험은 아이가 자신을 존중하고, 인생을 살아가는 데 필요한 지혜를 얻어 더불어 생활할 수 있는 첫걸음입니다. 이 놀이는 올바른 습관을 내면화하고 다른 사람과 바람직한 관계를 맺는 초등학교 교육 과정의 '바른 생활'과 연계됩니다. 자신의 생각과 느낌을 표현하는 '즐거운 생활'과도 연결됩니다.

관련 유치원 교육 과정

사회관계	나를 알고 존중하기	• 나를 알고 소중히 여긴다. • 나의 감정을 알고 상황에 맞게 표현한다.
	더불어 생활하기	• 가족의 의미를 알고 화목하게 지낸다. • 서로 다른 감정, 생각, 행동을 존중한다.
의사소통	듣기와 말하기	• 자신의 경험, 느낌, 생각을 말한다.

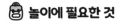

놀이 속으로 풍덩!

1 상자를 이용해서 '마음 상자'를
   만들고, 우리 집 어디에 둘지 정해요.
   마음껏 꾸며 보아도 좋아요.

2 동생이 장난감을 뺏었거나 엄마가 찡그리며 말하는 등 속상한 일이 있을 때는 종이에
   글과 그림으로 마음을 표현해요.

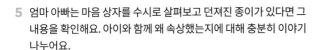

3 속상한 마음을 표현한 종이를 두 손으로 둥글게 꾹꾹 뭉쳐요.

4 뭉친 종이를 마음 상자에 던져 넣어요. 종이를
   던져 넣으며 속상한 마음이 자신도 모르게 많이
   풀릴 거예요.

5 엄마 아빠는 마음 상자를 수시로 살펴보고 던져진 종이가 있다면 그
   내용을 확인해요. 아이와 함께 왜 속상했는지에 대해 충분히 이야기
   나누어요.

6 엄마 아빠의 속상한 마음도 마음 상자에 넣어
   표현해 볼 수 있어요. 예를 들어 "놀이가 끝난
   뒤에 놀잇감을 잘 정리하기로 약속했는데
   아이들이 약속을 안 지켜서 저 많은 걸 어떻게
   정리하지 싶어 속상하고 기운이 없어져."
   라는 글을 적어 넣어요. 아이가 당장 알아채지
   못하더라도 인내심을 갖고 감정을 전해 보아요.
   시간이 조금 걸릴 수는 있지만, 야단치는 것보다
   훨씬 효과가 있어요.

- 아이를 무릎에 안고 이야기 나누면 좋아요.
- 왜 속상했는지에 대해 충분히 공감하고 경청해 주어요.
- 아이의 속상함에 대한 엄마 아빠의 생각을 전해 주어요.
  엄마 아빠 때문에 속상한 경우, 필요하다면 아이에게 미안하다고
  사과할 수 있어야 합니다.
- 아이에게 자신은 태어난 자체로 소중하고 가치 있는 존재라는 것을
  알려 주고 어떤 조건이나 이유 때문이 아니라 무조건적으로 사랑받을
  자격이 있다고 말해 주어서 스스로를 소중히 여기도록 도와주어요.

🎈 이렇게도 놀 수 있어요!

1️⃣ 감정에 관한 동화 듣기

놀이에 필요한 것 동화책

1 가족과 함께 집 근처 도서관에 가서 감정에 대한 이야기가 담긴 동화책을 대출해요.

2 동화를 만든 글 작가와 그림 작가를 알아보아요.

3 표지의 그림과 제목을 보고 동화책 속에 어떤 이야기가 들어 있을지 생각해 보아요.

4 엄마 아빠가 동화책을 읽어 주어요. 동화를 들은 뒤, 그림만 다시 보며 내용을 떠올려 보아요.

5 책을 읽은 느낌, 가장 재미있었던 부분, 주인공에게 하고 싶은 말 등을 생각해 보아요. 가능하다면 그림이나 간단한 글자로 표현해도 좋아요.

2 우리 집 영화관

놀이에 필요한 것 영화 〈인사이드 아웃〉

1 집에서 영화를 볼 수 있도록 엄마 아빠가 도와주어요.

2 영화에 대해서 알아보아요.

> · 제목: 인사이드 아웃
> · 만든 나라와 만든 사람(감독): 미국의 피트 닥터
> · 만든 때: 2015년(아이나 가족들이 몇 살 때였는지를 알려 주어요.)
> · 등장인물: 라일리, 엄마, 아빠, 기쁨이, 슬픔이, 까칠이, 소심이, 버럭이

3 화면에서 멀리 떨어진 곳에 앉아 볼 수 있도록 도와주세요.

4 영화를 본 뒤의 느낌, 가장 재미있었던 부분, 주인공에게 하고 싶은 말 등을 생각해 보아요. 가족과 함께 서로의 생각을 나누면 좋아요.

5 〈인사이드 아웃〉은 어린 시절의 경험으로 생긴 감정들이 아이의 뇌 속에 어떻게 자리 잡는지를 다룬 영화예요. 생각과 감정이 건강하고 튼튼한 아이로 키우려면 부모가 어떤 역할을 해야 하는지 생각해 볼 수 있기 때문에 엄마 아빠도 함께 보면 좋아요.

나의 집콕 놀이 다이어리

놀이의 결과물이나 놀이하는 모습을 사진이나 그림으로 기록해 보세요.
아이와 함께 기록해도 좋습니다.

7

태극기 만들기

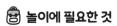

> 우리나라 국기 태극기!

🎒 놀이에 필요한 것

(태극기 본(부록)) (색종이) (풀) (나무젓가락) (스카치테이프)

놀이 전 체크 리스트

✓ 태극기를 본 경험에 대해서 아이와 충분히 이야기하면 좋습니다.

✓ 아이가 흥미를 느끼는 방향이나 아이가 내는 아이디어로 놀이를 수정할 수 있습니다.

✓ 우리나라를 나타내는 것들을 알아보고 우리나라에 대한 자부심을 가질 수 있도록 도와주세요.

✓ 우리나라에 대한 아이의 관심은 세계 여러 나라에 대한 관심으로 확장될 수 있습니다.

✓ 완성된 작품은 집 한쪽 벽면에 붙여 놓거나 태극기를 달아야 하는 특별한 날에 발코니에 꽂아 봅니다.

👍 이런 점이 좋아요!

어린 시기에 형성된 자신에 대한 긍정적인 정체성은 이후 성장하며 겪는 여러 사회 경험에 건강하게 적응하면서 행복한 삶을 사는 데 도움이 됩니다. 한 개인의 정체성은 사회와 국가의 정체성과도 관련이 깊습니다. 특히 세계화가 계속되고 있는 현대 사회에서는 민족과 국가에 대한 정체성을 올바르게 갖추는 것이 생존과 발전의 경쟁력이 되기도 합니다. 우리나라를 나타내는 것들(태극기, 애국가, 지도 등)에 대해 알아보면 아이가 아직 어려도 대한민국 국민 한 사람으로서의 자긍심과 정체성을 느낄 수 있습니다. 우리나라를 빛낸 사람들을 찾아보면서 자신의 꿈과 미래상을 그려 볼 수 있으며 북한 친구들의 생활에 관심을 가져 보는 기회를 얻을 수도 있습니다. 이 놀이는 우리나라의 상징과 문화, 남북한의 생활 모습을 알아보는 초등학교 교육 과정의 '슬기로운 생활'과 관련이 깊습니다. 우리나라의 상징과 통일에 대한 관심을 표현하는 '즐거운 생활'과도 연계되며, 나라 사랑하는 마음을 갖도록 하는 '바른 생활'과도 연결됩니다.

관련 유치원 교육 과정

사회관계	사회에 관심 가지기	• 우리나라에 대해 자부심을 가진다. • 다양한 문화에 관심을 가진다.
예술 경험	창의적으로 표현하기	• 다양한 미술 재료와 도구로 자신의 생각과 느낌을 표현한다.

🐝 놀이 속으로 풍덩!

1 태극기를 알고 있는지,
어디서 보았는지 등에
대해서 충분히 이야기해요.
축구 경기의 응원석이나
거리, 국가대표 선수의
모자나 군복, 교실 앞이나
공원에서 태극기를 접할 수
있어요.

2 태극기의 모양과 색깔을 관찰하고, 각각의 의미를 알아보아요.

- 흰 바탕: 밝음, 순수, 평화
- 태극무늬: 파랑(음)과 빨강(양)의 조화, 대자연의 진리
- 4괘(건, 곤, 감, 이): 검정 막대 3개는 하늘을 의미하는 '건', 4개는 불을 의미하는 '이',
  5개는 물을 의미하는 '감', 6개는 땅을 의미하는 '곤'.

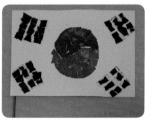
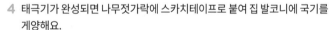

3 이 책의 부록에 있는 태극기 본에
색종이를 작게 찢어 풀로 붙여요.

4 태극기가 완성되면 나무젓가락에 스카치테이프로 붙여 집 발코니에 국기를
게양해요.

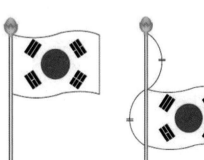
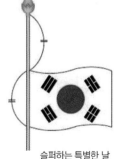

기뻐하는 특별한 날   슬퍼하는 특별한 날

5 태극기를 달아야 하는 특별한 날을 알아보아요. 기뻐하는 날
(3·1절, 제헌절, 광복절, 국군의 날, 개천절, 한글날)과 슬퍼하는 날
(현충일)에 따라 태극기를 다는 방법이 달라요. 달력에서 특별한
날을 찾아 날짜를 확인해 보고 따로 표시해 두었다가 가족과 함께
태극기를 달아 보아요.

🎈 이렇게도 놀 수 있어요!

1 우리나라 지도 퍼즐 만들기

놀이에 필요한 것 우리나라 지도 그림본(부록), 상자, 색연필, 풀, 가위

북한 친구들도 만나 보고 싶어!

1 우리나라의 땅과 바다는 어떤 모습일지 이야기를 나눠 보고, 이 책의 부록에 있는 우리나라 지도 그림본을 잘라 색연필로 칠해요.

2 지역마다 다른 색을 칠하고 종이 상자에 붙인 뒤, 선을 따라 오려요. 그림본을 상자에 꼼꼼히 붙여야 오릴 때 떨어지지 않아요. 상자 두께가 너무 두꺼우면 엄마 아빠가 오리는 걸 도와줘요.

3 다 오린 뒤에 조각을 다시 모아 우리나라 지도 퍼즐을 맞춰 보아요. 북한, 울릉도, 독도, 제주도도 빠뜨리지 않도록 해요.

4 여행을 다녀온 곳이나 앞으로 여행 갈 곳, 친척이 사는 곳 등을 지도에서 찾아보아요.

5 점차 익숙해지면 충청남도, 충청북도 등으로 퍼즐 조각을 세분화해서 놀이해요.

2 애국가 배우기

놀이에 필요한 것 애국가 음원

동해 물과 백두산이 마르고 닳도록

남산 위에 저 소나무 철갑을 두른 듯

가을 하늘 공활한데 높고 구름 없이

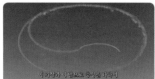

이 기상과 이 맘으로 충성을 다하여

1 애국가를 들어 본 적이 있는지, 누가 만들었는지 등을 말해 보아요.

2 애국가 1절을 한두 번 들어 본 뒤, 어떤 이야기가 들어 있는지, 느낌은 어떤지 말해 보아요.

3 애국가 1절을 반복해서 들으며 따라 부를 수 있는 부분은 불러 보아요.

4 노래가 익숙해지면 4절까지 배우면 좋아요. 아이들에게는 애국가 가사가 어렵기 때문에 반복해서 들려주어요.

5 행정안전부 홈페이지(업무안내→ 장차관직속 → 의정관→ 국가상징)에 접속하면 여러 버전의 애국가와 동영상을 볼 수 있어요.

나는 바이러스를 먹는 로봇을 발명할 거야.

3 우리나라를 빛낸 사람들

1 축구 선수 손흥민, 가수 BTS, 전 유엔 사무총장 반기문 등의 사진을 보며 우리나라를 빛낸 사람들에 대해 알아보고, 어떻게 나라를 빛낼 수 있었는지 말해 보아요.

2 커서 우리나라를 빛낼 방법을 생각해 보아요. 내가 잘할 수 있는 것, 좋아하는 것, 어른이 되어서 하고 싶은 것이 무엇인지 말해 보아요. 엄마 아빠는 아이의 다채로운 생각을 존중해 주세요.

3 우리나라를 부르는 이름(대한민국, 한국, 코리아 등)과 우리나라의 글자(한글), 국화(무궁화), 옷(한복), 음식(김치)에 대해서 알아보아요. 우리나라에 대한 자부심을 가질 수 있도록 도와주세요. 도서관에서 우리나라에 관한 내용이 담긴 책을 대출하거나 우리나라의 역사를 볼 수 있는 박물관 또는 고궁에 직접 가 보는 것도 좋아요.

나의 집콕 놀이 다이어리

놀이의 결과물이나 놀이하는 모습을 사진이나 그림으로 기록해 보세요. 아이와 함께 기록해도 좋습니다.

집콕 놀이 팁

영어 교육의 적기는 초등학교 3학년입니다

우리 가족의 최대 적은 옆집이라고 해도 과언이 아닙니다. '엄친아', '엄친딸'이라는 말이 생길 정도로 엄마 아빠는 옆집 아이와 우리 아이를 비교하고, 아이들은 옆집 부모와 자기 부모를 비교합니다. 하지만 옆집 아이와 우리 아이의 능력과 역량은 당연히 다릅니다. 옆집 아이는 언어 능력이 뛰어나고 우리 아이는 탐구 능력이나 사회관계 능력이 뛰어날 수 있습니다. 한 사람이 인간의 수많은 능력을 모두 갖출 수는 없으며, 하나하나의 능력들이 십분 발현되는 시기도 같을 수 없습니다. 우리 아이에게 부족한 능력에만 초점을 맞춰 성급하게 억지로 언어 능력을 끌어올리려다 보면 오히려 아이가 언어에 거부감과 두려움을 가질 수 있습니다.

영어는 우리나라 학부모들을 여전히 불안하게 합니다. 외국어는 어릴 때 습득해야 한다는 것이 정설처럼 퍼져 있기 때문입니다. 정말 유치원 시기부터 외국어 교육이 필요하다면 유치원 교육 과정에 당연히 그 내용이 포함되지 않았을까요? 유치원 교육 과정에 영어를 포함시키지 않는 데는 그만한 이유가 있습니다. 수많은 전문가들이 외국어 교육을 시작할 적기를 초등학교 3학년으로 보고 있습니다. 의사들이 말하는 인간의 두뇌 발달도 이를 뒷받침합니다.

그렇다고 손 놓고 마냥 기다려야 한다는 의미는 아닙니다. 아이에게 거부감이 생기지 않도록 언어를 '놀이'로서 접하도록 자극을 주는 것이 필요합니다. 잘 듣는 것이 언어 능력의 시작입니다. 이와 함께 아이가 읽기와 쓰기에 관심을 가질 수 있도록 해 주어야 합니다. 엄마 아빠와 같이 도서관에 가서 읽고 싶은 책을 대출하고, 집 곳곳에 메모지와 필기도구를 두어 가족끼리 수시로 글과 그림으로 편지를 쓸 수 있도록 하는 등의 환경을 만들어 주는 것으로 충분합니다.

유치원 시기는 아이들 속에 여러 능력의 '그릇'이 만들어지는 시기입니다. 우리나라 말을 충분히 익히고 어휘력을 두루 갖추는 것은 언어 능력의 그릇을 깊고 넓게 키우는 과정입니다. 그래야 영어도 잘할 수 있습니다. 그릇의 크기를 키울 시기와 그릇에 채워 넣을 시기를 잘 구별하는 올바른 판단력이 부모님들에게 필요합니다.

쏙쏙 정보

우리 아이의 현재 발달 단계 살펴보기

'발달'이란 인간의 생명이 시작되는 순간부터 죽음에 이르기까지 전 생애 동안의 모든 변화의 양상과 과정을 의미합니다. 신체 운동 기능, 지능, 사고, 언어, 성격, 사회성, 정서, 도덕성 등 인간의 모든 특성이 포함되지요. 발달심리학자 피아제(Piaget)는 자신의 세 자녀를 관찰해 인지발달단계 이론을 정립했습니다.

발달 단계	연령	특징
감각 운동기	0~2세	• 인간이 태어날 때 부여 받은 몇 개의 단순한 반사 기능 • 손에 닿는 것을 잡고, 무엇이든 빨고, 소리 나는 쪽으로 고개를 돌리는 등의 반사 기능 • 소리와 행동을 모방
전 조작기	2~6세	• 병원 놀이, 시장 놀이 등의 상징(가상) 놀이 • 모든 사물과 상황을 자신의 입장에서 해석하는 자기 중심성
구체적 조작기	6~12세	• 인과 관계의 이해와 논리적 사고 발달 • 지각과 구체적 경험에 의존해 문제 해결 • 길이, 무게, 부피 등의 보존 개념 형성
형식적 조작기	12세~성인	• 추상적 사고 발달 및 논리적 사고에 의한 문제 해결

유치원 시기의 아이들은 두 번째 단계인 전 조작기에 해당합니다. 이 시기에는 직관적인 사고를 하기 때문에 토끼 가면을 쓰면 자신이 토끼라고 믿고, 아빠 구두를 신으면 아빠가 되었다고 생각합니다. 또한 자기 중심적 사고를 하기 때문에 자신의 위치에서 바라본 사물의 모습과 반대편에서 바라본 사물의 모습이 다르다는 것을 인지하지 못합니다. 따라서 이 시기의 아이들은 상징(가상) 놀이를 하면서 비로소 타인의 상황을 이해할 수 있습니다.

이처럼 유치원 시기의 아이들은 놀이를 통해 한 인간으로서 살아가는 데 필요한 능력과 지혜를 자연스럽게 터득합니다. 잘 노는 아이가 잘 배우며, 건강하고 튼튼하게 성장합니다. 아이가 놀지 않는 것이야말로 걱정할 일이지요. "이제 그만 놀고 공부해야지."라는 말 대신 "엄마 아빠도 같이 놀자. 이렇게 해 보는 건 어때? 와! 그런 방법이 있었네!"라는 말로 아이의 놀이를 지지하고 조력해 주세요. 아이들에게 놀이와 학습은 결코 별개의 개념이 아니기 때문입니다.

4

아름다움을 느끼며
창의성이
향상되는 놀이

놀이 목록

1 직조 놀이

2 물 그림 놀이

3 구슬 그림 놀이

4 실 그림 놀이

5 자연물로 꾸미기

6 자연물 액자 만들기

7 물감 찍어 그리기

이 장에서 소개하는 놀이는 아이들이 자연, 생활, 예술에서 아름다움을 찾아보고 느끼며,
다채롭고 창의적인 방법으로 자신의 경험, 생각, 느낌을 표현해 보고,
다양한 예술 표현을 존중하는 경험과 관련이 깊습니다.

1

직조
놀이

어떤 끈이든 다~ 가능해!

🎒 놀이에 필요한 것

선물 포장용 리본 끈 | 가위 | 나무젓가락 | 스카치테이프

놀이 전 체크 리스트

✓ 리본이나 끈으로 어떤 놀이를 할 수 있는지 아이와 함께 생각해 보고, 탐색할 수 있는 충분한 시간을 주면 좋습니다.

✓ 아이가 흥미를 느끼는 방향이나 아이가 내는 아이디어로 놀이를 수정할 수 있습니다.

✓ 운동화 끈, 벨트, 넥타이 등으로도 놀이할 수 있습니다.

✓ 끈의 재질, 너비, 길이에 따라 놀이의 수준이 달라집니다.

✓ 완성된 작품을 우리 집 발코니에 걸어 두면 아이의 성취감이 높아집니다.

👍 이런 점이 좋아요!

직조 놀이를 하기 위해 집에 어떤 끈이 있는지 찾아보면서 우리 주변에 다양한 미술 재료와 도구가 있음을 깨닫습니다. 다양한 끈을 활용해 보면서 자기 생각과 느낌도 창의적으로 표현할 수 있습니다. 주변 물체의 모양을 구별해 보고 위치와 방향을 바꿔 보며 반복되는 규칙을 이해하는 경험이 쌓이면 아이는 일상생활 속 자신의 주변 모습이나 현상에 대한 호기심을 갖고 탐구하는 태도를 형성합니다. 이 놀이는 규칙성과 대응에 관심을 두고 이해하며 교실 바닥, 미술 작품 등 우리 주변에서 규칙과 패턴을 찾아보는 초등학교 교육 과정의 '수학'과 관련이 깊습니다.

🔗 관련 유치원 교육 과정

예술 경험	창의적으로 표현하기	• 다양한 미술 재료와 도구로 자신의 생각과 느낌을 표현한다.
자연 탐구	생활 속에서 탐구하기	• 물체의 위치와 방향, 모양을 알고 구별한다. • 주변에서 반복되는 규칙을 찾는다.

1 스카치테이프를 이용해서 여러 개의 리본을 나무젓가락에
붙여 아래쪽으로 길게 늘어뜨려요.

2 다른 리본으로 길게 늘어뜨린 끈들을 가로로 가로질러
바느질하듯 위아래로 번갈아 가며 통과시켜요. (첫 번째 끈의
아래, 두 번째 끈의 위, 세 번째 끈의 아래와 같은 순서예요.)

3 여러 개의 리본을
이용해서 길게
만들어 미니
커튼처럼 완성해요.

4 미니 커튼 밑으로
지나가 보아요.

5 선풍기 바람에 날려 보아요.

6 우리 집 깃발로 만들어 내걸어 보아요.
멀리서도 우리 집을 찾을 수 있어요.

🎈 이렇게도 놀 수 있어요!

1 상자와 털실을 이용해서 직조하기

놀이에 필요한 것 상자 또는 두꺼운 종이, 털실, 가위, 스카치테이프

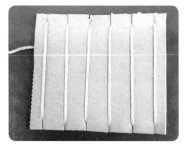

1 택배 상자를 원하는 크기로 자른 뒤 가장자리에 가위집을 내고 털실을 끼워 세로줄을 만들어요. 세로줄은 짝수로 만들어야 해요.

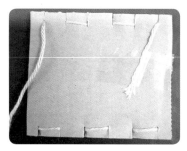

2 세로줄의 처음과 끝부분을 뒷면에서 스카치테이프로 고정해요.

3 가로줄에 낄 털실을 골라 한쪽 끝을 세로줄에 묶은 뒤 다른 쪽 끝은 스카치테이프로 말아 바늘이 될 부분으로 만들어요.

4 가로줄의 바늘 부분을 잡고 세로줄의 위아래로 번갈아 가며 끼워요.

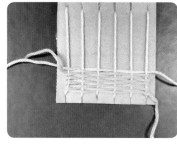

5 끝까지 끼운 뒤 되돌아오기를 반복해요.

6 실 색깔을 바꾸려면, 세로줄 끝에 묶은 뒤 다른 색으로 시작해요.

7 마지막도 처음처럼 세로줄에 묶어 주고, 종이에 걸려 있던 실들을 빼내요.

8 남은 실들은 직조한 사이사이로 집어넣어요.

9 장난감 받침으로 쓸 수 있고, 컵 받침으로 사용할 수도 있어요.

② 색종이로 직조하기

놀이에 필요한 것 다른 색깔의 색종이 두 장, 가위, 풀

1 한 장의 색종이는 윗부분을 조금 남기고 간격이 일정한 세로줄이 되도록 길게 오려요.

2 다른 한 장의 색종이는 원하는 폭으로 자른 후, 세로줄의 위아래로 번갈아 가며 끼워요.

3 그림의 한 부분(엄마의 치마, 아빠의 티셔츠, 꽃게의 몸통 등)을 오려 낸 뒤 직조를 뒷면에 대고 붙여요.

나의 집콕 놀이 다이어리

놀이의 결과물이나 놀이하는 모습을 사진이나 그림으로 기록해 보세요.
아이와 함께 기록해도 좋습니다.

2

물 그림 놀이

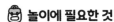 **놀이에 필요한 것**

(빈 튜브 통) (물)

놀이 전 체크 리스트

✓ 빈 튜브 통으로 어떤 놀이를 할 수 있는지 아이와 함께 생각해 보면 좋습니다.

✓ 아이가 흥미를 느끼는 방향이나 아이가 내는 아이디어로 놀이를 수정할 수 있습니다.

✓ 물로 그린 그림이 시간이 지나면서 점점 사라지는 이유를 생각해 보고 이야기 나눠 보세요.

✓ 완성된 작품은 사진을 찍어 출력한 뒤, 잘 보이는 곳에 전시해 주어 아이의 자신감과 성취감을 높여 주세요.

👍 이런 점이 좋아요!

시간이 지나면 마르는 물의 특성은 아이들이 호기심을 불러일으키기에 충분합니다. 땅에 물로 그림을 그린 뒤 서서히 사라지는 것을 지켜보면서 물이 증발하는 과정을 눈으로 관찰하고 물체의 특성과 변화에 관심을 둘 수 있습니다. 물로 그린 그림은 언제든 다시 그릴 수 있으므로 잘못 그리는 것에 대한 두려움 없이 마음껏 자신의 생각과 느낌을 표현하며 창의성을 기를 수도 있습니다. 가족의 그림자를 따라 그려 보며 자연의 원리와 아름다움을 느끼게 되고 가족의 의미도 생각해 보게 됩니다. 이 놀이는 더운 여름날 우리의 생활 모습을 알아보는 초등학교 교육 과정의 '슬기로운 생활'과 관련이 깊습니다. 물과 관련된 노래 부르기와 음악 감상하기와 같은 '즐거운 생활'과도 연계됩니다.

관련 유치원 교육 과정

예술 경험	아름다움 찾아보기	• 자연과 생활에서 아름다움을 느끼고 즐긴다.
	창의적으로 표현하기	• 다양한 미술 재료와 도구로 자신의 생각과 느낌을 표현한다.
자연 탐구	생활 속에서 탐구하기	• 물체의 특성과 변화를 여러 가지 방법으로 탐색한다.
	탐구 과정 즐기기	• 도구와 기계에 대해 관심을 가진다. • 주변 세계와 자연에 대해 호기심을 가진다. • 궁금한 것을 탐구하는 과정에 즐겁게 참여한다.

🏐 놀이 속으로 풍덩!

1 빈 튜브 통을 준비해요.

2 튜브에 물을 담은 뒤, 꾹 눌러 보아요.

3 물이 들어 있는 튜브 통을 꾹 누르며 땅에 그림을 그려 보아요.

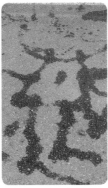
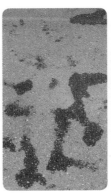

4 물로 그린 그림이 점점 사라지는 것을 관찰하고, 그 이유를 생각해 보아요. 젖은 빨래가 마르고, 비 온 뒤 젖은 땅이 마르는 것 등과 연결 지어 생각해 볼 수 있어요.

🎈 이렇게도 놀 수 있어요!

1 물로 그림자 그리기

놀이에 필요한 것 빈 튜브 통, 물

1 물이 들어 있는 튜브 통을 꾹 누르며 나무 그림자를 따라 물 그림을 그려요.

2 우리 가족의 그림자는 어떤 모습일지 그려 보아요.

3 가족과 함께 그림자를 만든 뒤, 만들어진 그림자 모양을 물로 그려 볼 수도 있어요.

2 물 그림 판화

놀이에 필요한 것 빈 튜브 통, 물, 다양한 물건들(플라스틱 용기 등)

 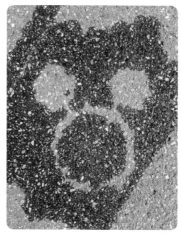

1 주변에 있는 물건들을 원하는 모양으로 바닥에 놓아 보아요.

2 물이 들어 있는 튜브 통을 꾹 누르며 물건 주변에 넓게 뿌려서 색칠해요.

3 물건들을 빼낸 뒤 어떤 모양의 판화가 되었는지 살펴보아요.

3 분무기 그림

놀이에 필요한 것 분무기, 물감, 물, 도화지, 다양한 모양의 두꺼운 종이

  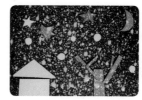 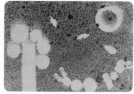

1 분무기에 물과 물감을 넣고 여러 번 흔들어요.

2 도화지 위에 다양한 모양의 두꺼운 종이 또는 집에 있는 여러 가지 물건을 원하는 위치에 올려놓아요.

3 도화지 위에 분무기로 물감을 뿌린 뒤, 도화지 위의 두꺼운 모양 종이와 물건들을 떼어 내 보아요. 집에 있는 여러 가지 물건을 사용할 수도 있고, 여러 가지 색의 물감을 사용할 수도 있어요.

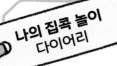
나의 집콕 놀이 다이어리

놀이의 결과물이나 놀이하는 모습을 사진이나 그림으로 기록해 보세요.
아이와 함께 기록해도 좋습니다.

3

구슬 그림 놀이

🎒 놀이에 필요한 것

(구슬) (물감) (계란판) (재활용품 용기) (집게) (종이(도화지, 택배 상자 등))

놀이 전 체크 리스트

✓ 구슬의 특성을 살펴보며 어떤 놀이를 할 수 있는지 아이와 함께 생각해 보면 좋습니다.

✓ 물감이 손과 옷 등에 묻는 것에 대해 거부감을 느끼지 않도록 도와주세요.

✓ 자신의 작품에 제목을 정해 볼 기회를 주세요. 이름을 써 보는 경험도 좋습니다.

✓ 아이가 흥미를 느끼는 방향이나 아이가 내는 아이디어로 놀이를 수정할 수 있습니다.

✓ 완성된 작품은 잘 보이는 곳에 전시하고 가족들과 함께 감상해 보세요.

👍 이런 점이 좋아요!

어디로든 떼굴떼굴 굴러가는 구슬의 특성은 아이들의 호기심을 불러일으킵니다. 구슬에 물감을 묻혀 굴려 보면 물감의 색, 구슬을 굴리는 방향 등에 따라 결과물의 형태가 매번 다르게 나타납니다. 구슬이 지나간 길을 눈으로 확인해 보는 흥미로운 경험을 통해 물체의 특성과 변화를 탐색하고 물체의 위치와 방향, 모양을 구별할 수 있습니다. 그림 그리기에 자신이 없는 아이들도 즐겁게 참여할 수 있어서 창의적으로 표현하는 능력을 기르는 데 도움이 됩니다. 완성된 자신의 작품을 전시하고 가족들과 함께 감상하면서 서로의 생각과 느낌을 나누다 보면 예술을 감상하는 법도 자연스럽게 알아 갑니다. 이 놀이는 물체의 움직임을 예상하고 관찰하는 초등학교 교육 과정의 '슬기로운 생활'과 관련이 깊습니다. 놀이와 표현 활동을 통해 감각을 발달시키고 생활 속에서 심미적 감성 능력을 기르도록 하는 '즐거운 생활'과도 연계됩니다.

❖ 관련 유치원 교육 과정

예술 경험	창의적으로 표현하기	• 다양한 미술 재료와 도구로 자신의 생각과 느낌을 표현한다.
	예술 감상하기	• 다양한 예술을 감상하며 상상하기를 즐긴다.
자연 탐구	생활 속에서 탐구하기	• 물체의 특성과 변화를 여러 가지 방법으로 탐색한다. • 물체의 위치와 방향, 모양을 알고 구별한다.

🍉 놀이 속으로 풍덩!

1 플라스틱 계란판에 원하는 색깔의 물감을 덜어요.

2 집게를 이용해서 구슬에 물감을 묻혀요.

3 재활용품 용기에 종이를 깔고, 구슬을 굴리며 구슬이
  지나가는 길을 살펴보아요. 택배 상자 등 다양한 종이를
  활용할 수 있어요.

4 여러 가지 색을 묻혀 굴려 보고, 제목을 정해 보아요.
  이름을 써 보는 것도 좋아요.

5 집에 있는 종이(신문지, 색이 있는 쇼핑백 등)를 그림 뒤쪽에
  대고 액자처럼 만들어요.

6 잘 보이는 곳에
  전시한 뒤, 가족들과
  함께 감상해 보아요.

🎈 이렇게도 놀 수 있어요!

1️⃣ 구슬 그림으로 원하는 모양 만들기

놀이에 필요한 것   구슬, 물감, 계란판, 재활용품 용기, 집게, 종이(도화지, 상자 등), 가위

  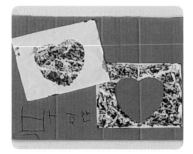

1 두 장의 종이를 재활용품 용기에 깔고 위쪽 종이를 원하는 모양으로 잘라 내요.

2 구슬에 여러 가지 색을 묻혀 종이 위에 굴려 본 뒤, 두 장의 종이에 어떤 그림이 그려졌는지 감상해요.

3 두 장 모두 멋진 작품이 될 수 있어요. 제목을 정해 보고, 이름도 써 보아요.

2️⃣ 여러 개의 구슬로 그림 그리기

놀이에 필요한 것   구슬, 물감, 계란판, 용기, 집게, 종이(도화지, 상자 등)

1 재활용품 용기에 종이를 깔고, 종이 위에 원하는 색깔의 물감을 원하는 위치에 짜 놓아요.

2 여러 개의 구슬을 투명한 용기에 담아 한꺼번에 굴리며 그림을 그려 보아요.

3 따뜻한 느낌의 색과 시원한 느낌의 색을 생각해 보고 표현해도 좋아요.

이 부분이 문제군!

3 탁구공 길 만들기

휴지심, 탁구공 또는 구슬, 스카치테이프

1 휴지심을 반으로 잘라 벽면에 스카치테이프로 붙여 가며 길을 만들어요. 문 또는 가구에 붙일 수도 있어요.

2 탁구공을 굴려 보면서 공이 잘 굴러가지 않거나 떨어지는 곳이 있는지 살펴보아요. 어떻게 하면 잘 굴러갈 수 있는지도 생각해 보아요.

3 콩과 같은 곡식 여러 개를 한 번에 굴리면 어떤 소리가 날지 생각해 보아요.

나의 집콕 놀이 다이어리

놀이의 결과물이나 놀이하는 모습을 사진이나 그림으로 기록해 보세요.
아이와 함께 기록해도 좋습니다.

4

실 그림 놀이

🎒 놀이에 필요한 것

| 다 쓴 색연필 | 면실 또는 털실 | 물감 | 붓 |

| 도화지(상자, 검정 도화지) | 신문지 |

✍️ 놀이 전 체크 리스트

- ✅ 실의 쓰임새를 생각해 보고 실을 이용해서 어떤 놀이를 할 수 있는지 아이와 함께 충분히 의논해 보면 좋습니다.
- ✅ 아이가 흥미를 느끼는 방향이나 아이가 내는 아이디어로 놀이를 수정할 수 있습니다.
- ✅ 물감이 손이나 옷에 묻는 것에 거부감을 느끼지 않도록 도와주세요.
- ✅ 완성한 작품은 잘 보이는 곳에 전시해서 가족과 함께 감상하면 좋습니다.

👍 이런 점이 좋아요!

실은 어느 집에서나 쉽게 접할 수 있어 다양하고 창의적인 놀이를 할 수 있는 좋은 놀잇감입니다. 실 그림은 아이가 그릴 때마다 매번 다른 느낌의 작품으로 탄생하며 손으로 그림을 그릴 때와는 다른 재미를 느낄 수 있습니다. 생활 속에서 사용하던 물건들이 생각지도 못한 멋진 작품으로 변신하는 것을 보면서 일상생활 속에서 아름다움을 찾고 즐기는 힘이 길러집니다. 눈과 손의 협응력 및 소근육이 발달하는 데 도움이 되며, 예술적 요소에 관심을 두고 창의성을 키우는 데도 도움이 됩니다. 이 놀이는 자신의 생각과 느낌을 다양한 방법으로 표현하며 꾸미고, 예술 작품 등을 감상하며 창의성을 기르는 초등학교 교육 과정의 '즐거운 생활'과 연계됩니다.

⬡ 관련 유치원 교육 과정

예술 경험		
	아름다움 찾아보기	• 자연과 생활에서 아름다움을 찾고 즐긴다. • 예술적 요소에 관심을 갖고 찾아본다.
	창의적으로 표현하기	• 다양한 미술 재료와 도구로 자신의 생각과 느낌을 표현한다.
	예술 감상하기	• 다양한 예술을 감상하며 상상하기를 즐긴다.

🎾 놀이 속으로 풍덩!

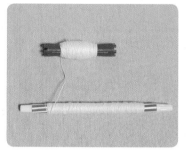

1 다 쓴 색연필에 면실을 촘촘히 감아요.

2 색연필 양 끝은 조금씩 남겨두고 면실을 감은 뒤, 마지막 부분은 가위로 자르고 매듭을 지어요.

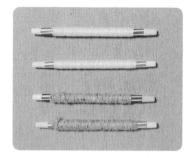

3 면실이 아닌 털실로도 할 수 있어요.

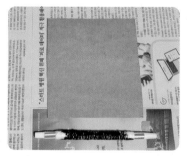

4 붓을 이용해서 실 전체에 물감을 칠해요. 바닥에는 신문지를 깔아 두어요.

5 색연필을 상자 조각 위에 올려놓은 뒤, 양쪽 끝을 두 손으로 쭉 밀며 굴려요. 물감이 마를 때까지 조금 기다려요.

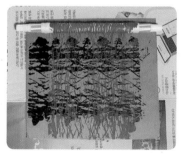

6 실이 감긴 다른 색연필에 다른 색의 물감을 칠한 뒤, 같은 방법으로 쭉 밀며 굴려요. 방향을 바꿔 가며 해 보아요.

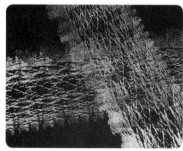

7 검정 도화지, 흰 도화지 등 여러 종류의 종이에 실 그림을 그리고 어떤 느낌인지 말해 보아요.

8 실 그림을 세모 모양으로 잘라 가랜드를 만들 수도 있어요.

🎈 이렇게도 놀 수 있어요!

1 바느질하기

놀이에 필요한 것 털실, 돗바늘(뜨개질용), 상자, 매직, 스카치테이프, 빨래집게

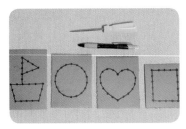
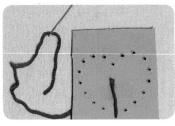

1 상자를 자른 뒤, 매직으로 원하는 그림을 그려요. 그림 위에 구멍 뚫을 곳을 점으로 표시하고 송곳이나 볼펜으로 구멍을 뚫어요. 송곳을 사용할 때는 엄마 아빠가 도와주어요.

2 바늘구멍에 털실을 끼운 뒤, 상자 그림의 뒤쪽에서 앞쪽을 향해 바늘을 빼내요. 실이 빠지지 않도록 뒷면에 스카치테이프를 붙여요.

3 원하는 구멍에 바늘을 끼워 가며 바느질을 해 보아요.

4 실로 다양한 선을 표현할 수도 있고, 그림의 면을 채울 수도 있어요. 바느질을 마무리할 때도 뒷면에 스카치테이프를 붙여요.

6 바늘은 사진과 같이 자석에 붙힌 펜 뚜껑에 넣어 정리하면 안전해요. 집의 한 곳을 바느질하는 곳으로 정해 두고, 놀이를 하면서 뾰족한 바늘을 조심해서 다루는 경험이 쌓이도록 도와주세요. 위험한 물건을 조심해서 다룰 수 있는 능력도 꼭 필요합니다.

5 완성된 작품을 전시하고 가족들과 함께 감상해요. 실이 너무 길거나 짧지 않도록 적당한 실 길이를 색 테이프로 표시해 두면 좋아요.

어떤 그림이 나올까?

비~밀!

2 실 당겨 그림 그리기

놀이에 필요한 것 면실, 물감, 붓, 종이, 나무젓가락

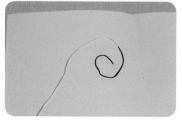

1 붓을 이용해서 실에 물감을 칠해요. 한 가닥의 실에 한 가지 색 또는 여러 색의 물감을 칠할 수 있어요.

2 반으로 접었다 편 종이의 한쪽 면에 색을 칠한 실을 원하는 모양으로 올려놓아요. 스프링 수첩이 있다면 접지 않고 활용할 수 있어요.

3 반대쪽 종이를 덮고 손으로 실 부분을 꾹 누른 상태에서 실을 쭉 빼내요. 실 끝을 나무젓가락에 묶어 사용하면 실을 조금 더 쉽게 당길 수 있어요.

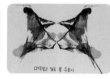

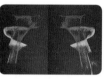

4 할 때마다 다르게 나타나는 실 그림을 보고 제목을 정해 보거나 실 그림 위에 손으로 그림을 더 그려 꾸며 보아요.

나의 집콕 놀이 다이어리

놀이의 결과물이나 놀이하는 모습을 사진이나 그림으로 기록해 보세요.
아이와 함께 기록해도 좋습니다.

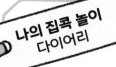

5 자연물로 꾸미기

🎒 놀이에 필요한 것

> 다양한 자연물(나뭇가지, 나뭇잎, 돌멩이 등)

✏️ 놀이 전 체크 리스트

- ✓ 다양한 자연물로 어떤 놀이를 할 수 있는지 아이와 함께 충분히 의논해 보면 좋습니다.
- ✓ 아이가 흥미를 느끼는 방향이나 아이가 내는 아이디어로 놀이를 수정할 수 있습니다.
- ✓ 놀이할 수 있는 자연물은 계절마다 매우 다양합니다.
- ✓ 자연을 소중하게 생각할 수 있도록 도와주세요.
- ✓ 밖에서 만든 작품은 사진을 찍어 출력한 뒤 잘 보이는 곳에 전시해 주세요.
- ✓ 작품은 아이가 원할 때까지 두고 가족들과 함께 감상하면 좋습니다.

👍 이런 점이 좋아요!

나뭇가지, 나뭇잎, 돌멩이 같은 자연물은 계절이 변해도 다양한 모습으로 우리 주변에서 볼 수 있기 때문에 매우 익숙하고 친밀합니다. 자연물을 활용한 꾸미기 놀이는 자연과 생활 속에서 아름다움을 찾고 즐기며 예술적 요소에 관심을 두는 데 도움이 됩니다. 특히 다양한 자연물을 활용해서 자신의 생각과 느낌을 표현하는 경험을 하다 보면 창의성이 발달합니다. 모양, 색깔 등의 기준을 정하고 그에 따라 자연물을 모아 분류해 보는 것도 생활 속 탐구력을 기르는 데 도움이 됩니다. 이 놀이는 주변에 있는 다양한 모양의 도형을 이용해서 우리 동네를 구성해 보고 입체 도형에도 관심을 두도록 하는 초등학교 교육 과정의 '수학'과 관련이 깊습니다. 학교와 집 근처에서 볼 수 있는 다양한 자연물들을 관찰하고 자연과 생명을 존중하는 '바른 생활'과도 연계됩니다.

⬡ 관련 유치원 교육 과정

예술 경험	아름다움 찾아보기	• 자연과 생활에서 아름다움을 찾고 즐긴다. • 예술적 요소에 관심을 갖고 찾아본다.
	창의적으로 표현하기	• 다양한 미술 재료와 도구로 자신의 생각과 느낌을 표현한다.
자연 탐구	생활 속에서 탐구하기	• 물체의 위치와 방향, 모양을 알고 구별한다. • 일상에서 모은 자료를 기준에 따라 분류한다.

🐝 놀이 속으로 풍덩!

1 나뭇잎을 모아 보고 색깔, 모양 등 다양한 기준으로 분류해 보아요.

2 나뭇가지, 나뭇잎, 돌멩이 등의 자연물을 이용해서 곤충 모양으로 꾸며 보아요.

3 자연물을 이용해서 내 얼굴을 꾸며 보아요.

4 땅을 도화지라고 생각하고 자연물을 이용해서 그림을 그리듯 꾸며 보아요.

🎈 이렇게도 놀 수 있어요!

① 강아지풀로 토끼 만들기

놀이에 필요한 것 │ 강아지풀 2개, 동그란 자석 2개

1 강아지풀 2개를 준비해요.

2 2개의 강아지풀을 묶어 매듭을 만든 뒤 잡아당겨요.

3 자석을 이용해 냉장고에 붙여 장식해 보아요. 2개의 자석 사이에 강아지풀 매듭을 넣어서 붙이는 방식으로 모자나 티셔츠에 브로치로 장식해요.

② 세상에 하나밖에 없는 꽃다발 만들기

놀이에 필요한 것 │ 나무젓가락 포장 종이 여러 개, 고무줄, 나뭇잎 등의 자연물

1 나무젓가락을 꺼내고 남는 포장 종이를 모아요. 나무젓가락 포장 종이를 뭉쳐 한쪽 끝은 고무줄로 묶고, 다른 한쪽은 펼쳐 주어요.

2 나뭇잎 등을 꽂아 주거나 피어 있는 꽃 앞에 두고 사진을 찍어 꽃다발로 연출해요.

3 우리가 그동안 버려 왔던 물건들을 활용해서 나만의 멋진 작품을 만들 수 있어요. 주변의 여러 물건들이 아름다운 작품이 될 수 있어요.

③ 낙엽 스탠드 만들기

놀이에 필요한 것 낙엽, 두꺼운 책, 유리병, 목공 풀, 작은 LED 조명

  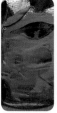   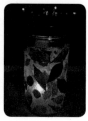

1 낙엽을 두꺼운 책 사이사이에 끼워서 말려 두어요.

2 2~3일 정도 뒤에 책 사이의 낙엽을 꺼내어 그동안 어떤 점이 달라졌는지 살펴보아요. 너무 바싹 마른 잎은 부서질 수 있으니 유의해요.

3 빈 유리병에 나뭇잎을 목공 풀로 붙여 꾸며 보아요. 나뭇잎을 붙인 뒤 그 위에 목공 풀을 한 번 더 바르면 들뜨지 않고 잘 붙어요.

4 목공 풀이 완전히 마른 뒤에는 풀칠한 부분이 투명해져요.

5 작은 LED 조명을 병 속에 넣은 뒤 실내등을 꺼 보아요. 우리 집 스탠드로 활용할 수 있어요.

나의 집콕 놀이 다이어리

놀이의 결과물이나 놀이하는 모습을 사진이나 그림으로 기록해 보세요.
아이와 함께 기록해도 좋습니다.

6

자연물
액자 만들기

액자 속 모습은
날마다 새로워!

🎒 놀이에 필요한 것

| 종이 상자(각 티슈 통, 택배 상자 등) | 자연물(나뭇가지, 나뭇잎, 돌멩이 등) | 가위 | 양면테이프 |

✍️ 놀이 전 체크 리스트

✔️ 상자와 자연물로 어떤 놀이를 할 수 있는지 아이와 함께 생각해 보고 탐색할 수 있는 충분한 시간을 줍니다.

✔️ 아이가 흥미를 느끼는 방향이나 아이가 내는 아이디어로 놀이를 수정할 수 있습니다.

✔️ 놀이할 수 있는 자연물은 계절에 따라 다양합니다.

✔️ 자연의 아름다움을 알고 소중하게 생각할 수 있도록 도와주세요.

✔️ 가위를 사용한 뒤 오므려 놓는 습관을 기르도록 도와주세요.

✔️ 완성된 작품을 우리 집 액자로 활용해서 아이의 성취감을 높여 주세요.

👍 이런 점이 좋아요!

나뭇가지, 나뭇잎, 돌멩이 등의 자연물은 계절이 변해도 다양한 모습으로 우리 주변에 있기 때문에 아이들에게 매우 익숙하고 친밀합니다. 자연물을 활용해서 액자 만들기를 하다 보면 날씨와 계절의 변화를 생활과 관련지을 수 있고 자연과 더불어 살아가야 함을 깨닫습니다. 모양, 색 등이 모두 다른 다양한 자연물을 다루면서 예술적인 요소에 관심을 둘 수 있으며 다른 누구와도 똑같지 않은 자신만의 액자를 만들며 창의성도 기를 수 있습니다. 이 놀이는 계절에 따른 날씨의 변화와 특징을 알아 가는 초등학교 교육 과정의 '슬기로운 생활'과 관련이 깊습니다. 자연 속에서 이루어지는 놀이를 통해 계절에 대한 느낌을 표현하는 '즐거운 생활'과도 연계됩니다.

⬡ 관련 유치원 교육 과정

예술 경험	아름다움 찾아보기	• 자연과 생활에서 아름다움을 느끼고 즐긴다. • 예술적 요소에 관심을 갖고 찾아본다.
	창의적으로 표현하기	• 다양한 미술 재료와 도구로 자신의 생각과 느낌을 표현한다.
자연 탐구	자연과 더불어 살기	• 주변의 동식물에 관심을 가진다. • 생명과 자연환경을 소중히 여긴다. • 날씨와 계절의 변화를 생활과 관련짓는다.

🫧 놀이 속으로 풍덩!

1 종이 상자를 원하는 모양으로 잘라 액자 틀을 만들어요.

2 양면테이프를 붙인 뒤, 한쪽 면의 남은 종이를 떼어 내요.

3 야외에 나가 주변에 떨어져 있는 다양한 자연물을 골라 붙여 액자를 꾸며요. 계절에 따라 활용할 수 있는 자연물은 다양해요.

4 멋진 액자에 담고 싶은 것은 무엇인지 생각해 봐요. 우리 주변의 자연물이나 우리 가족사진을 붙여 멋진 액자를 만들 수도 있어요.

🎈 이렇게도 놀 수 있어요!

1 각 티슈로 액자 만들기

놀이에 필요한 것 다 쓴 각 티슈 통, 가위

1 다 쓴 각 티슈를 원하는 모양으로 잘라요.

2 오려 낸 액자 틀을 들고 밖으로 나가 액자 속에 자연의 모습을 담아 보아요.

2 우리 집 액자 틀 이용해서 자연 담기

놀이에 필요한 것 우리 집에 있는 액자 틀

1 우리 집에 있는 액자 틀을 들고 밖으로 나가 액자 속에 자연의 모습을 담아 보아요.

2 평소에 잘 볼 수 없었던 아름다운 자연의 모습을 발견하게 될 거예요.

③ 나뭇잎으로 액자 만들기

놀이에 필요한 것 나뭇잎

1 나뭇잎을 반으로 접어 원하는 모양으로 잘라 내요.

2 야외로 나가 나뭇잎으로 만든 액자에 꽃과 나무 등을 담아 보아요.

3 책에서 원하는 글자에 나뭇잎 액자를 올려 보아요.

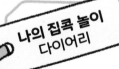

나의 집콕 놀이 다이어리

놀이의 결과물이나 놀이하는 모습을 사진이나 그림으로 기록해 보세요.
아이와 함께 기록해도 좋습니다.

7

물감 찍어 그리기

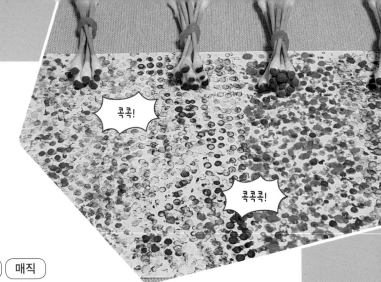

🎒 놀이에 필요한 것

[도화지] [물감] [면봉] [고무줄] [연필] [매직]

🖊 놀이 전 체크 리스트

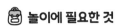

✓ 면봉과 물감을 활용해서 어떤 놀이를 할 수 있는지 아이와 함께 충분히 의논해 보면 좋습니다.

✓ 아이가 흥미를 느끼는 방향이나 아이가 내는 아이디어로 놀이를 수정할 수 있습니다.

✓ 물감이 손이나 옷에 묻는 것에 거부감을 느끼지 않도록 도와주세요.

✓ 점을 찍어 그림을 그리는 것은 시간이 오래 걸릴 수 있으므로 처음에는 작은 종이로 시작하는 것이 좋습니다.

✓ 아이가 귀에 면봉을 넣는 등 위험한 행동을 하지 않도록 유심히 살펴주세요.

👍 이런 점이 좋아요!

우리 주변에는 미술 재료로 활용할 수 있는 것들이 많습니다. 물감으로 그림을 그릴 때 붓 이외에 다른 도구를 다양하게 사용해 보면 예술적 요소에 관심이 생기고 우리 생활 속의 아름다움도 더 느낄 수 있습니다. 화가들의 미술 작품을 감상해 보고 표현 기법을 알아보는 동안 예술적 감성이 자라고 미술 작품에 대한 느낌이나 생각을 말할 수 있으며, 창의적으로 표현하는 힘도 길러집니다. 이 놀이는 봄, 여름, 가을, 겨울의 계절이나 다양한 동식물의 느낌을 표현하며 다른 사람의 작품을 감상해 보는 초등학교 교육 과정의 '즐거운 생활'과 관련이 깊습니다.

⚙ 관련 유치원 교육 과정

예술 경험	아름다움 찾아보기	• 자연과 생활에서 아름다움을 찾고 즐긴다. • 예술적 요소에 관심을 갖고 찾아본다.
	창의적으로 표현하기	• 다양한 미술 재료와 도구로 자신의 생각과 느낌을 표현한다.
	예술 감상하기	• 다양한 예술을 감상하며 상상하기를 즐긴다.
의사소통	듣기와 말하기	• 자신의 경험, 느낌, 생각을 말한다.

🏐 놀이 속으로 풍덩!

1 이 그림의 제목은 〈그랑드 자트 섬의 일요일 오후〉예요. 그림을 감상하며 무엇이 보이는지, 사람들이 무엇을 하고 있는지, 어떤 생각을 할 것 같은지, 기분은 어떨지, 그림의 전체적인 느낌은 어떤지에 대해서 말해 보아요.

내가 누구게~?

2 그림을 그린 화가에 대해서도 알아보아요. 프랑스의 화가인 조르주 피에르 쇠라(1859~1891년)가 이 그림을 그렸어요.

3 쇠라가 그림을 어떤 방법으로 그렸는지 자세히 살펴보아요. 화가는 2년 동안 점을 찍어 그림을 완성했대요. 점을 찍어 면을 채워 가며 그리는 기법을 '점묘법'이라고 해요.

4 쇠라 화가처럼 점을 찍어 그림을 그려 보아요. 먼저 연필로 도화지에 원하는 그림을 그리고 물감 묻힌 면봉을 콕콕 찍어 색을 채워 보아요.

5 면봉 여러 개를 고무줄로 묶어 그릴 수도 있어요.

6 물감 묻힌 면봉 대신 매직으로 콕콕 찍어 그려 볼 수도 있어요. 너무 큰 그림을 채우려면 아이가 힘들어하고 흥미를 잃을 수 있으니 작은 그림부터 시작해요.

🎈 이렇게도 놀 수 있어요!

1️⃣ 뭉친 종이 찍어 그리기

놀이에 필요한 것 도화지(흰색, 검은색), 뭉칠 종이(A4 용지, 신문지 등), 종이테이프, 물감

 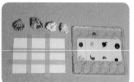

1 도화지에 종이테이프를 원하는 모양으로 붙여요.

2 A4 용지 또는 신문지를 뭉친 뒤, 물감을 묻혀 원하는 칸에 꾹꾹 눌러 찍어요.

  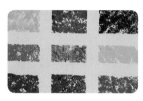 

3 모든 칸에 찍은 뒤, 종이테이프를 하나씩 떼어 내요.

4 도화지의 색깔, 종이테이프의 너비 등에 따라 그림의 느낌이 달라질 수 있어요.

2️⃣ 휴지 심 찍어 그리기

놀이에 필요한 것 휴지 심, 물감, 도화지

1 휴지 심을 원하는 모양으로 접고, 원하는 색 물감을 묻혀요. 요구르트 통에 물감을 풀어 묻히거나 붓으로 물감을 칠할 수 있어요.

2 도화지 위에 휴지 심을 한 번 찍은 뒤, 같은 자리에서 방향을 조금씩 돌려 가며 찍어 보아요.

3 그림을 보면 어떤 느낌이 드는지 말해 보고, 그림의 제목도 지어 보아요.

3 빨대 찍어 그리기

빨대, 작은 가위, 도화지, 물감, 떠먹는 요구르트 통

1 빨대 끝을 사진과 같이 작은 가위로 오려요. 짧게도 자르고 길게도 잘라요. 가늘게 오리는 것이 어렵다면 엄마 아빠가 도와주어요.

2 가늘게 오린 빨대를 꽃 모양처럼 펼치고, 요구르트 통에 짜 놓은 물감을 묻혀 찍어 보아요. 짧게 자른 것과 길게 자른 것의 찍힌 모양을 비교해 보아요. 한 번 찍은 뒤, 같은 자리에서 방향만 아주 조금씩 돌려 2~3번 더 찍어 보아요.

3 어떤 꽃이 생각나는지 말해 보아요. 민들레가 생각났다면 밖으로 나가 민들레 씨앗을 찾고, 멀리 날아갈 수 있도록 불어 주어요.

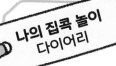

나의 집콕 놀이 다이어리

놀이의 결과물이나 놀이하는 모습을 사진이나 그림으로 기록해 보세요.
아이와 함께 기록해도 좋습니다.

집콕 놀이 팁

적정 수준의 위험은 아이들을 성장시켜요

"안 돼. 하지 마. 위험해."는 하루에도 몇 번이고 아이들에게 하는 말입니다. 우리 아이들이 안전한 환경에서 다치지 않고 자라야 하는 것은 당연합니다. 그러나 완벽하게 안전하고 청결한 곳이 세상에 있을까요? 만약 있다 해도 그러한 환경에서 우리 아이가 평생을 살아갈 수는 없습니다. 성장하면서 점점 더 넓은 공간으로 행동반경을 넓혀 나갈 것이고, 예측이 어려운 새로운 환경도 계속 만날 것입니다. 따라서 마냥 안전하기만 한 환경에서 자란 아이들에게 역설적으로 더 안전하지 못한 상황이 벌어질 수 있습니다. 위험을 피하는 것이 능사가 아니라 위험 속에서 자기의 몸을 조절할 줄 아는 아이로 자라야 하는 것이지요.

유치원 시기부터 적정한 수준의 위험 요소에 노출되도록 하는 것은 이후 성장과 발달에 많은 도움이 됩니다. 어느 정도의 위험이 존재하고 약간의 상처가 날 수도 있는 환경에서 아이들이 스스로 자신의 신체를 조절하며 모험심과 성취감을 느낀다는 연구 결과도 많습니다. 아이들이 도전할 수 있도록 적절한 위험 요소를 균형 있게 제공하는 것이 오히려 아이가 겪을 미래의 위험에 대비하는 방법입니다. 그러려면 부모님들이 아이들에게 최소한의 안전만 보장해 주겠다는 기준을 세우는 것이 중요합니다. 위험한 일을 무조건 못 하게 하는 대신 방법을 잘 알려 주고 살며시 손을 잡아 주거나 뒤에서 받쳐 준다면 아이는 한층 더 높은 수준의 모험에 도전할 수 있을 것입니다. 다만, 아이의 행동이 다른 사람에게 방해가 되거나 위협이 된다면 과감히 멈추도록 해야겠지요.

가위나 포크, 우산, 에스컬레이터 등 우리 주변에는 꼭 필요하지만 위험한 도구와 시설물들이 존재합니다. 위험하다는 이유로 언제까지나 사용하지 못하게 할 수는 없지요. 위험하지만 바르게 잘 사용하면 매우 편리하다는 것을 알려 준다면 아이의 놀이는 한층 더 견고해질 것입니다.

아이가 놀다가 다치는 것에 너무 예민하게 반응하지 않았으면 합니다. 넘어져 본 아이가 자신을 조절할 줄도 알고, 주변의 환경을 살필 줄 알게 되니까요. 넘어지고 다치고 콧물도 흘리고 흙도 만지며 자란 아이가 건강하고 튼튼합니다.

쏙쏙 정보

교육의 강국 핀란드

OECD 주최로 매년 열리는 국제학생평가프로그램(PISA)에서 우리나라와 1, 2위를 다투는 나라가 있습니다. 바로 핀란드입니다. 두 나라는 성적 면에서는 비슷하지만 교육 방법에는 차이가 많습니다. 핀란드에서는 숫자를 가르칠 때도 블록, 나뭇가지 등 다양한 실물을 책상 위에 올려놓고 기본 개념을 이해하도록 돕는 데 많은 시간을 투자합니다. 오래 걸려도 그 과정을 포기하지 않습니다. 단순히 숫자를 알아가는 것보다 수의 개념을 배우는 것을 중요시하지요.

핀란드의 아이들은 초등학교 입학 전까지 어떤 선행 학습도 하지 않습니다. 다소 느리더라도 확실한 교육 방법을 선택하는데, 이 교육법이란 바로 외부에서 주입하는 교육이 아니라 스스로 체험하는 교육입니다. 아이가 태어나자마자 바로 걸을 수는 없습니다. 한동안은 누워만 있어야 하고, 어느 시기에 겨우겨우 뒤집기를 하고, 목을 가누고 배밀이를 하며 앉을 준비를 하죠. 이러한 일련의 과정들이 하나씩 충실히 이행되었을 때 그다음 발달이 정상적인 것처럼 핀란드에서는 시간이 걸리더라도 기본에 충실한 교육을 실천하는 것입니다. 한때 우리나라 교육계에서도 핀란드 교육의 장점을 도입하기 위해 노력했지만 성과는 크지 않았습니다.

여전히 우리나라의 교육 목표는 '대학 입시'에 맞춰져 있고, 좋은 대학에 보내기 위해서 어린 시절부터 경쟁적으로 학원에 보내며, 초등학교 입학 전에 수와 글자를 가르쳐야 한다는 조급함에 시달립니다. 유치원 하원길에 학원 차량이 아이들을 기다리고 있는 모습도 흔히 볼 수 있는 풍경입니다. 유치원 선생님, 발레 선생님, 영어 선생님 등 우리 아이들은 너무 많은 선생님을 만나고 있습니다.

하지만 아무리 좋은 것이 있어도 제때가 아니면 아무 소용이 없습니다. 이제 막 기어 다니는 아이에게 내일부터 일어나 걸어 다니라고 한다면 기는 것도, 걷는 것도 제대로 할 수 없겠지요. 때에 맞지 않는 교육의 결과는 많은 결핍과 부작용을 가져옵니다. 교육에는 '제때'가 있다는 것을 항상 기억해 주세요. 차근차근 충실하게 기본을 지키는 것이 교육의 가장 빠른 지름길입니다.

5

호기심을 가지며
탐구하는 태도가
형성되는 놀이

놀이 목록

1 우리 집 거미줄 놀이

2 해님 시계 놀이

3 자연물 탑 쌓기 놀이

4 패턴 놀이

5 풀잎 배 만들기

6 도형으로 구성하기

7 콩나물 키우기

이 장에서 소개하는 놀이는 아이들이 물질, 사물, 자연 현상, 동물과 식물 등의 특성과 변화를
수학적·과학적으로 탐구하는 다양한 경험과 관련이 깊습니다.

우리 집
거미줄 놀이

🎒 놀이에 필요한 것

| 나무젓가락 | 끈(가죽끈, 노끈 등) | 고무줄 |

**놀이 전
체크 리스트**

✓ 거미의 생김새, 먹이, 집 모양 등을 아이와 함께 충분히 알아보면 좋습니다.

✓ 아이가 흥미를 느끼는 방향이나 아이가 내는 아이디어로 놀이를 수정할 수 있습니다.

✓ 자연을 소중하게 여길 수 있도록 도와주세요.

✓ 우리 주변에서 거미와 거미줄을 직접 관찰해 보면 좀 더 흥미롭게 놀이할 수 있어요.

👍 이런 점이 좋아요!

동물과 관련한 놀이는 아이들이 매우 흥미로워 합니다. 특히 우리 주변에서 쉽게 볼 수 있는 동물들은 관찰할 기회가 많으므로 자연스럽게 관심을 두면서 동물들의 생명도 소중히 여기게 됩니다. 주변을 살피며 무언가를 지속적으로 찾아 호기심을 발전시키고 탐구력을 높일 수 있습니다. 이 놀이는 계절이 변함에 따라 동식물의 변화에 관심을 가지고 생명을 존중하는 태도를 기르는 초등학교 교육 과정의 '바른 생활'과 관련이 깊습니다. 동식물을 관찰하고 조사하는 과정을 경험하는 '슬기로운 생활'과도 연계됩니다.

✿ 관련 유치원 교육 과정

자연 탐구	자연과 더불어 살기	• 주변의 동식물에 관심을 가진다. • 생명과 자연환경을 소중히 여긴다.
	탐구 과정 즐기기	• 주변 세계와 자연에 대해 지속적으로 호기심을 가진다. • 궁금한 것을 탐구하는 과정에 즐겁게 참여한다.
	생활 속에서 탐구하기	• 물체의 위치와 방향, 모양을 알고 구별한다.

🐝 놀이 속으로 풍덩!

1 우리 주변에서 거미와 거미줄을 찾아보아요. 거미줄의 끝이 어디에 연결되어 있는지, 바람이 불 때 거미줄이 어떤 모습인지도 관찰해 보아요. 비 온 뒤의 거미줄은 어떤 모습일지 관찰해 보면 좋아요.

2 나무젓가락을 고무줄로 고정시킨 뒤, 끈을 끼워요.

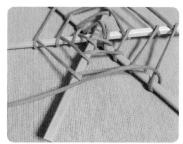

3 나무젓가락에 끈을 감아올린 뒤, 다음 나무젓가락으로 끈을 옮겨 감는 것을 반복해요.

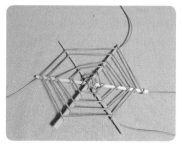

4 끈의 마지막 부분은 매듭을 지어 고정하고, 다른 긴 끈을 2~3개 정도 잘라 나무젓가락 끝에 연결해요.

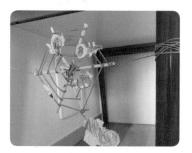

5 긴 끈으로 거미줄을 공중에 걸고, 거미의 모습을 그려 잘라서 거미줄 위에 붙여 꾸며 보아요. 거미는 끈끈한 거미줄을 자유롭게 다닐 수 있어요. 곤충들은 머리, 가슴, 배로 구성되어 있고 다리가 6개이지만, 거미는 곤충들과 몸의 모습이 다르며 곤충에 속하지 않음을 알도록 도와주세요. 거미가 자기 거미줄에 걸리지 않고 자유롭게 다닐 수 있는 이유도 알아보아요.

🎈 이렇게도 놀 수 있어요!

1️⃣ 풀로 거미줄 만들기

놀이에 필요한 것 풀(물풀 또는 딱풀), 나뭇가지

흔들리지 않는 편안함~

1 먼저 손에 풀을 충분히 바른 뒤, 느림보 손뼉을 쳐 보아요. 손에 생기는 거미줄을 관찰해요. 손에 바른 풀은 물로 씻으면 되니 걱정하지 말고 충분히 발라요.

2 나뭇가지를 준비해 앞쪽에서 한 번, 뒤쪽에서 한 번씩 느림보 손뼉을 쳐 보아요.

3 한참을 하다 보면 거미줄이 만들어져요. 포기하지 않고 노력해요.

4 바람이 불거나 비 오는 날 거미줄이 어떻게 될지 생각해 보아요.

2️⃣ 거미줄 피하기

놀이에 필요한 것 빨래 건조대, 스카치테이프, 매직 또는 네임펜

1 빨래 건조대에 스카치테이프로 거미줄을 만들어요. 스카치테이프 위에 매직으로 줄을 그려 볼 수도 있어요.

2 곤충이 되었다고 생각하고 거미줄에 걸리지 않도록 거미줄의 위아래로 피하며 지나가 보아요. 바닥에도 거미줄이 있으니 조심해요.

3 거미에게 먹이 주기

놀이에 필요한 것   빨래 건조대, 스카치테이프, 필기도구

1 거미줄에 어떤 것들이 걸릴 수 있는지
생각해 보아요. 곤충을 그린 뒤 오려
붙여 보아요.

2 색연필과 사인펜을 이용해서 곤충을 그려 오려 붙이거나 매직 또는 네임펜으로
스카치테이프 위에 직접 그려 거미에게 먹이를 주어요.

나의 집콕 놀이 다이어리

놀이의 결과물이나 놀이하는 모습을 사진이나 그림으로 기록해 보세요.
아이와 함께 기록해도 좋습니다.

2

해님 시계 놀이

🎒 놀이에 필요한 것

| 긴 끈 (리본, 테이프 등) | 가위 | 돌멩이 |

🖋 놀이 전 체크 리스트

✔ 시계가 없었던 예전에는 어떻게 시간을 알아냈을지 아이와 함께 충분히 생각해 보면 좋습니다.

✔ 아이가 흥미를 느끼는 방향이나 아이가 내는 아이디어로 놀이를 수정할 수 있습니다.

✔ 아이들은 바늘이 있는 시계를 보는 것이 어려우므로 정확한 시각을 알아내는 것보다는 시간의 흐름을 느낄 수 있도록 도와주세요.

✔ 시간을 알려 주는 물건에는 어떤 것들이 있는지 알아보고 놀이를 통해 시간에 대한 관심을 가질 수 있도록 도와주세요.

✔ 일어나는 시각, 밥 먹는 시각 등 매일 규칙적으로 반복되는 시각이 몇 시인지 알아보고 이를 통해 시간에 익숙해지도록 도와주세요.

👍 이런 점이 좋아요!

시간을 보내는 것은 인간이 태어나는 순간부터 시작되어 계속 이어지는 일입니다. 해가 뜨고 지는 과정을 보내면 하루라는 시간이 지나고, 하루하루가 차곡차곡 쌓이면 계절이 달라진다는 것을 알아 가며 미처 인식하지 못하고 무심코 지나쳤던 시간의 개념에 대해 깨달을 수 있습니다. 우리 일상생활 속에 신비로운 과학 현상이 존재한다는 것을 확인하고 지구와 우주에 관한 관심으로 확장해 나갈 수 있습니다. 이 놀이는 시간, 길이, 무게 등 다양한 속성이 존재한다는 것을 알고, 이를 측정하는 다양한 방법을 배우는 초등학교 교육 과정의 '수학'과 관련이 깊습니다.

🌼 관련 유치원 교육 과정

자연 탐구	탐구 과정 즐기기	• 주변 세계와 자연에 대해 지속적으로 호기심을 가진다. • 궁금한 것을 탐구하는 과정에 즐겁게 참여한다.
	생활 속에서 탐구하기	• 일상에서 길이, 무게 등의 속성을 비교한다.
	자연과 더불어 살기	• 날씨와 계절의 변화를 생활과 관련짓는다.
의사소통	듣기와 말하기	• 자신의 경험, 느낌, 생각을 말한다.

1 가까운 공원으로 나가서 시곗바늘처럼 보이는 나무나
기둥을 찾아요. 긴 끈을 나무의 그림자 길이만큼 잘라
돌멩이 등으로 눌러 놓아요. 긴 끈은 그대로 계속 두어요.

2 10시, 11시, 12시 등 1시간 간격으로 나무 그림자를 표시해요.
아이는 정확한 시각을 알기 어려우므로 1시간이 지났을
때마다 엄마 아빠가 알려 주어요. 이 과정을 반복하면서
아이는 1시간이 어느 정도의 시간인지 은연중에 알 수 있어요.

3 시간마다 돌멩이로 눌러 놓은 긴 끈 그림자를 살펴보면서
그림자의 길이나 위치가 어떻게 변했는지 충분히 이야기를
나누어요.

4 다음 1시간 뒤에는 그림자가 어떻게 달라질지 예측해
본 뒤, 생각대로 되었는지 살펴보아요. 다시 1시간 뒤의
그림자를 예측해 보아요.

5 생각대로 그림자가 달라졌는지 살펴보아요. 다시 1시간
뒤의 그림자를 예측해 보아요.

6 해가 떠 있는 시간 동안 그림자를 계속 관찰해 보아요.
그림자의 위치와 길이가 왜 달라지는지 궁금하다면 책에서
찾아볼 수 있도록 도와주어요.

내가 몇 시인지 알려 줄게!

이렇게도 놀 수 있어요!

1 해님 시계 만들기

놀이에 필요한 것 우드락, 나무젓가락, 매직, 자, 나침반

1 밖으로 나가 우드락에 나무젓가락을 움직이지 않도록 꽂아요. 나무젓가락 그림자가 잘 보일 수 있는 곳이 어디인지 살펴요. 주변에 나무 등이 많지 않은 곳이 좋아요.

2 나침반을 이리저리 돌려 나침반의 '빨간 바늘'과 '북'이라고 쓰여 있는 곳이 만나도록 맞춰 두어요. 나침반의 바늘과 나무젓가락의 그림자가 만나는 시간이 언제일지 지켜보아요.

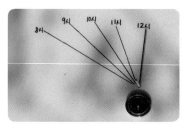

3 10시, 11시, 12시 등 1시간 간격으로 나무젓가락 그림자를 매직으로 그려요. 시간마다 나무젓가락 그림자의 길이와 위치 등이 어떻게 변했는지 충분히 이야기 나누어요. 다음 1시간 뒤의 그림자는 어떨지 예측해 보아요.

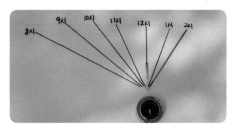

4 하루 동안 매 시간마다 그림자를 그려 해님 시계를 완성해요. 다음번 바깥 놀이를 할 때 해님 시계를 갖고 나가 한쪽에 놓아두어요. 해님 시계로 점심시간, 집에 갈 시간 등을 확인하면 좋아요.

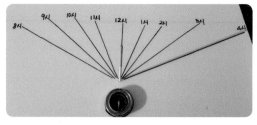

5 다른 시계가 없어도 해님 시계의 선과 그날의 그림자가 만나는 것을 보고 몇 시인지 알 수 있어요. 이때 나침반의 바늘은 북쪽 방향과 12시를 그린 선에 일치되도록 맞추어야 해요. 해님 시계로 점심시간 등을 알려 주면 좋아요.

6 집에 있는 여러 종류의 시계를 관찰해 보아요. 같은 점과 다른 점, 시계에서 나는 소리 등에 대하여 알아보아요.

② 위인전 읽기

놀이에 필요한 것 장영실에 관한 동화책

그래!
바로 이거야!

해시계

물시계(자격루)

1 가족과 함께 집 근처 도서관에 가서 장영실에 관한 동화책을 대출해요. 책을 읽기 전, 시계가 없던 옛날에는 사람들이 시간을 어떻게 알 수 있었을지 충분히 생각해 보아요.

2 동화책을 처음부터 그림만 다시 보며 어떤 이야기가 있었는지 생각해 보아요. 장영실이 무엇을 발명했는지, 왜 발명하게 됐는지 등에 대해 충분히 대화해요.

3 동화책을 읽고 난 뒤, 어떤 생각을 하게 됐는지, 어떤 느낌인지 말로 표현해 보아요. 식물이 자라는 것, 낮과 밤이 반복되는 것, 계절이 바뀌는 것, 사람들이 나이 드는 것 등을 생각해 보며 시간에 대해 이야기 나눠요.

나의 집콕 놀이 다이어리

놀이의 결과물이나 놀이하는 모습을 사진이나 그림으로 기록해 보세요.
아이와 함께 기록해도 좋습니다.

3

자연물
탑 쌓기 놀이

🎒 **놀이에 필요한 것**

(다양한 자연물(나뭇가지, 나뭇잎, 돌멩이))

**놀이 전
체크 리스트**

- ✔ 나뭇가지로 어떤 놀이를 할 수 있는지 아이와 함께 충분히 생각해 보면 좋습니다.
- ✔ 아이가 흥미를 느끼는 방향이나 아이가 내는 아이디어로 놀이를 수정할 수 있습니다.
- ✔ 자연을 소중히 여길 수 있도록 도와주세요.
- ✔ 야외에서 완성한 작품은 사진으로 찍어 전시해 주고, 집에서 탑 쌓기를 했다면 아이가 원할 때까지 전시해서 소중하게 다루어 주세요.

👍 이런 점이 좋아요!

자연물의 모양은 똑같은 것이 없습니다. 크기, 굴곡, 두께 등이 모두 다른 여러 종류의 나뭇가지를 이용해서 탑 쌓기를 하다 보면 물체의 위치와 방향, 모양을 살펴보고 구별하며 반복되는 규칙을 알아 갈 수 있습니다. 자연물에는 정형화된 물체와는 다른, 예술적 아름다움이 있다는 것을 깨닫기도 합니다. 나뭇가지를 하나씩 조심스레 쌓아 올리며 눈과 손의 협응과 집중력을 향상시킬 수 있습니다. 이 놀이는 우리 주변에 있는 동물과 식물의 소중함을 알고 생명을 존중하는 초등학교 교육 과정의 '바른 생활'과 관련이 깊습니다. 다양한 평면 도형과 입체 도형의 모양을 알고 여러 가지 모양을 구성해 보는 '수학'과도 연계됩니다.

🔷 관련 유치원 교육 과정

자연 탐구	생활 속에서 탐구하기	• 물체의 위치와 방향, 모양을 알고 구별한다. • 일상에서 길이, 무게 등의 속성을 비교한다. • 주변에서 반복되는 규칙을 찾는다.
	자연과 더불어 살기	• 주변의 동식물에 관심을 가진다. • 생명과 자연환경을 소중히 여긴다.
예술 경험	아름다움 찾아보기	• 자연과 생활에서 아름다움을 느끼고 즐긴다. • 예술적 요소에 관심을 갖고 찾아본다.

🎾 놀이 속으로 풍덩!

1 다양한 크기의 나뭇가지를 모아요.

2 나뭇가지를 하나씩 쌓아 올려요.

3 나뭇가지를 점점 더 높이 쌓아 올려요. 어떻게 하면 더 높이 쌓아 올릴 수 있는지 생각해 보아요.
   도중에 무너져도 얼마든지 다시 할 수 있으니 괜찮아요.

4 쌓아 올린 나뭇가지
   탑을 다양한
   나뭇잎으로 꾸며
   보아요.

5 돌탑을 쌓아 올린 뒤,
   나뭇잎과 새의 깃털
   등을 이용해서 꾸며
   볼 수도 있어요.

🎈 이렇게도 놀 수 있어요!

1️⃣ 새 둥지 만들기

> 놀이에 필요한 것 다양한 자연물(나뭇가지, 나뭇잎, 돌멩이 등)

1 우리 주변에서 새집을 찾아보아요. 책에서도 찾아볼 수 있어요.

2 나뭇가지를 동그랗게 돌아가며 쌓아 올려 새 둥지를 만들어요.

3 둥지 안에 나뭇잎을 깔아 푹신하게 만들어 줘요. 돌멩이를 넣어 새의 알처럼 꾸며 볼 수도 있어요.

2️⃣ 나무젓가락과 펜으로 탑 쌓기

> 놀이에 필요한 것 나무젓가락, 여러 종류의 필기도구

1 나무젓가락을 이용해서 탑을 쌓아 올려요. 빙글빙글 돌아가는 모습의 탑으로 만들어 보아요.

2 연필, 볼펜, 색연필 등을 이용해서 탑을 쌓아 올려요. 쌓아 올리기 쉬운 펜과 어려운 펜을 구별해 보고 각각 어떤 모양인지 살펴보아요.

❸ 과자 탑 쌓기

놀이에 필요한 것 손가락에 끼울 수 있는 과자

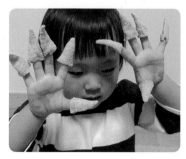

1 과자를 열 손가락에 끼워 보아요.

2 과자를 하나의 손가락에 여러 개 끼워 높이 쌓아 보아요. 얼마나 높이 쌓을 수 있는지 도전해 보아요.

3 일부러 과자를 사서 놀이하기보다는 이런 모양의 과자를 먹을 기회가 생길 때 놀이해 보도록 해요.

나의 집콕 놀이 다이어리

놀이의 결과물이나 놀이하는 모습을 사진이나 그림으로 기록해 보세요. 아이와 함께 기록해도 좋습니다.

4

패턴 놀이

🎒 놀이에 필요한 것

> 다양한 자연물 (나뭇가지, 나뭇잎, 돌멩이 등)

🖊️ 놀이 전 체크 리스트

✓ 패턴의 개념을 이해할 수 있도록 설명해 주고, 우리 주변에서 볼 수 있는 패턴을 찾아본 뒤 직접 패턴을 만들면 좋습니다.

✓ 아이들에게 패턴의 개념은 어려울 수 있으니 익숙한 물건을 활용해 쉬운 것부터 경험하도록 도와주세요.

✓ 아이가 흥미를 느끼는 방향이나 아이가 내는 아이디어로 놀이를 수정할 수 있습니다.

✓ 자연을 소중하게 여길 수 있도록 도와주세요.

👍 이런 점이 좋아요!

'패턴'이란 일정한 형태가 규칙적으로 반복되는 것입니다. 우리 주변에는 패턴을 적용한 물건들이 의외로 많이 있기 때문에 생활 속 패턴을 찾아보면서 물체의 위치, 방향, 모양을 구별하고 속성을 비교할 수 있습니다. 단순한 것도 패턴이 되면 근사한 창조물이 될 수 있기 때문에 아이 스스로 패턴을 만들어 보는 경험을 쌓으면 생활 속에서 아름다움을 찾아내는 탐구력과 예술적 감성이 길러집니다. 이 놀이는 주변의 여러 모양과 우리가 사용하는 수의 규칙과 대응을 찾아보는 초등학교 교육 과정의 '수학'과 관련이 깊습니다. 생활 속에서 다양한 형태를 관찰하고 속성을 파악하여 무리 지어 보는 '슬기로운 생활'과도 연계됩니다.

🔷 관련 유치원 교육 과정

자연 탐구	생활 속에서 탐구하기	• 물체의 위치와 방향, 모양을 알고 구별한다. • 일상에서 길이, 무게 등의 속성을 비교한다. • 주변에서 반복되는 규칙을 찾는다.
예술 경험	아름다움 찾아보기	• 자연과 생활에서 아름다움을 느끼고 즐긴다. • 예술적 요소에 관심을 갖고 찾아본다.

🎾 놀이 속으로 풍덩!

1 우리 주변에서 패턴이 사용된 것을 찾아보아요.

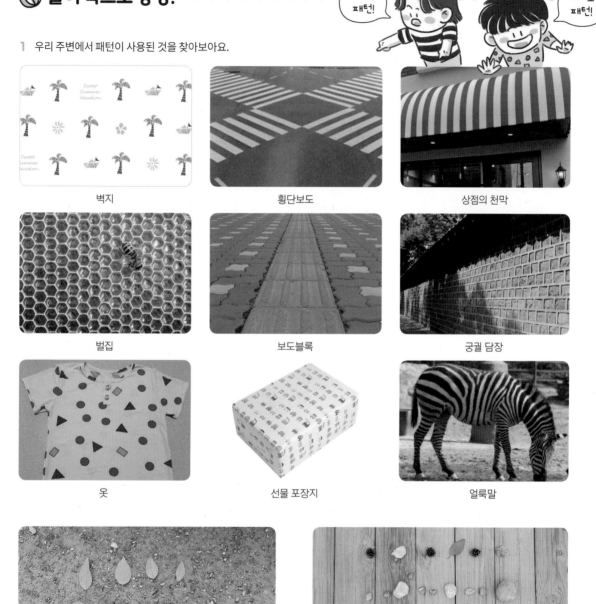

벽지   횡단보도   상점의 천막

벌집   보도블록   궁궐 담장

옷   선물 포장지   얼룩말

2 자연물을 이용해서 나만의 패턴을 만들어 보아요. 짧은 패턴은 물론이고 아주 긴 패턴도 만들 수 있어요.

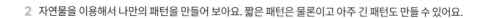

🎈 이렇게도 놀 수 있어요!

1️⃣ 패턴 만들기

놀이에 필요한 것 집에 있는 여러 가지 물건(인형, 리모컨, 우산, 음식 등)

인형 - 우산 - 리모컨

달걀 - 달걀 - 사과

1 집에 있는 물건을 이용해서 패턴을 만들어요. 주변의 실물들이 아이들의 놀이에 좋은 도구예요.

2 완성한 뒤 어떤 패턴을 만들었는지 설명해 보아요. 엄마 아빠가 패턴을 만들고 아이가 설명해 보는 것도 좋아요.

2️⃣ 패턴 퀴즈

놀이에 필요한 것 집에 있는 여러 가지 물건(인형, 리모컨, 우산, 음식 등)

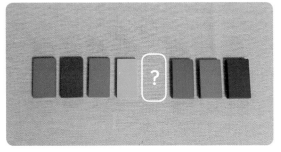

1 엄마 아빠가 빈 곳을 둔 채 패턴을 만들고, 아이가 빈 곳에 적합한 것을 찾아 패턴을 완성해 보아요.

2 역할을 바꾸어 보기도 하고, 점점 어려운 패턴에 도전해 보아요.

③ 패턴이 있는 미술 작품 감상하기

놀이에 필요한 것 패턴이 있는 미술 작품, 종이, 색종이, 가위, 풀, 포스트잇

피에트 몬드리안의 그림

색종이로 만든 패턴

포스트잇으로 만든 패턴

1 패턴이 있는 미술 작품을 엄마 아빠가 찾아 주고 화가가 누구인지, 어떤 패턴으로 만든 작품인지 설명하며 미술 작품을 감상해요.

2 색종이 조각을 종이에 붙여 나만의 패턴을 만들어 보아요.

3 다양한 크기의 포스트잇을 종이에 붙여 패턴을 만들 수도 있어요.

나의 집콕 놀이 다이어리

놀이의 결과물이나 놀이하는 모습을 사진이나 그림으로 기록해 보세요.
아이와 함께 기록해도 좋습니다.

5

풀잎 배
만들기

🎒 놀이에 필요한 것

갈댓잎 또는 억새 잎 (길쭉하고 넓은 잎)

🖊️ 놀이 전 체크 리스트

✓ 풀잎으로 어떤 놀이를 할 수 있는지 아이와 함께 충분히 생각해 보면 좋습니다.

✓ 아이가 흥미를 느끼는 방향이나 아이가 내는 아이디어로 놀이를 수정할 수 있습니다.

✓ 계절에 따라 활용해 볼 수 있는 길쭉하고 넓은 잎을 찾아보아요.

✓ 자연을 소중하게 여길 수 있도록 도와주세요.

✓ 완성된 작품은 사진이나 동영상으로 남겨 아이의 성취감을 높여 주세요.

👍 이런 점이 좋아요!

하늘, 땅, 바다의 여러 교통 기관과 관련된 놀이는 아이들에게 매우 흥미롭습니다. 물 위에 떠다니는 배를 나뭇잎으로 쉽게 만들어 보면 주변의 동식물에 관심을 두고 생명과 자연의 소중함을 깨닫습니다. 놀이를 통해 계절에 따른 자연의 변화를 느낄 수 있으며 우리 주변의 아름다운 요소에도 관심을 갖습니다. 이 놀이는 계절에 따라 다양한 놀이를 하며 자연의 소중함을 깨닫는 초등학교 교육 과정의 '바른 생활'과 관련이 깊습니다. 동식물을 관찰하고 조사하며 우리의 일상생활과 관련지어 보는 '슬기로운 생활'과도 연계됩니다.

✿ 관련 유치원 교육 과정

자연 탐구	자연과 더불어 살기	• 주변의 동식물에 관심을 가진다. • 생명과 자연환경을 소중히 여긴다.
예술 경험	아름다움 찾아보기	• 자연과 생활에서 아름다움을 느끼고 즐긴다. • 예술적 요소에 관심을 갖고 찾아본다.

🎾 놀이 속으로 풍덩!

1 갈댓잎 또는 억새 잎과 같이 길쭉하고 넓은 잎을 모아요.

2 잎 가장자리를 관찰하고 다룰 때 주의할 점도 알아보아요.

3 잎의 양쪽 끝을 조금씩 잘라 내요.

4 잎의 양쪽을 접어요.

5 접어 올린 나뭇잎의 한쪽 끝을 세 갈래로 자른 뒤, 양쪽 두 갈래 중 하나의 갈래를 다른 쪽 갈래에 끼워 넣어요.

6 반대쪽도 같은 방법으로 끼워 넣어요.

7 풀잎 배를 물에 띄워 보아요.

8 집에 있는 여러 가지 물건들을 이용해서 풀잎 배를 움직여 보아요.

🎈 이렇게도 놀 수 있어요!

1️⃣ 종이배 접어 띄우기

놀이에 필요한 것 우유갑 또는 코팅 처리된 얇은 종이

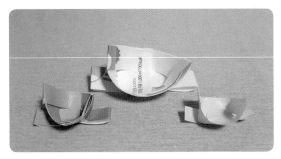

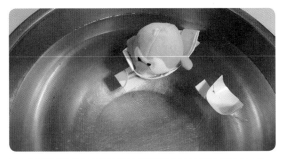

1 우유갑 또는 코팅 처리된 얇은 종이를 활용해서 풀잎 배 접는 방법으로 종이배를 접어요.

2 집 안의 물건들을 이용해서 종이배를 물에 띄워 보아요. 큰 종이배를 만들면 인형이나 장난감을 배에 태울 수 있어요.

2️⃣ 밖으로 나가 풀잎 배 띄우기

놀이에 필요한 것 풀잎 배

1 밖으로 나가 물모래 놀이를 하며 내가 만든 풀잎 배를 띄워 보아요.

2 우리 집 주변에 흐르는 물이 있는 곳을 찾아가 풀잎 배를 띄워 보면 좋아요.

③ 갈댓잎과 억새 잎 알아보기

놀이에 필요한 것 갈댓잎, 억새 잎

1 갈대나 억새의 잎사귀를 오래 보관하려면 어떻게 해야 할지 생각해 보아요. 물병에 꽂아 두면 5~7일 동안에도 시들지 않아요.

갈댓잎   억새 잎

2 갈댓잎과 억새 잎의 비슷한 점과 다른 점을 관찰해 보아요. 길쭉한 모양의 또 다른 잎들을 엄마 아빠와 함께 찾아보아요.

나의 집콕 놀이 다이어리

놀이의 결과물이나 놀이하는 모습을 사진이나 그림으로 기록해 보세요. 아이와 함께 기록해도 좋습니다.

6

도형으로 구성하기

동그라미!

세모!

네모!

🎒 놀이에 필요한 것

택배 상자 │ 여러 종류의 종이(신문지, 색종이 등) │ 크레용 │ 가위

놀이 전 체크 리스트

✓ 집에서 사용하는 물건 중 동그라미, 세모, 네모 등 다양한 형태의 물건을 찾아보면 좋습니다.

✓ 아이가 흥미를 느끼는 방향이나 아이가 내는 아이디어로 놀이를 수정할 수 있습니다.

✓ 점들이 모여 선이 되고, 선을 연결하면 여러 모양의 도형이 되며, 원은 수많은 점이 모여 이룬다는 것을 알도록 도와주세요.

✓ 가위를 사용한 뒤 오므려 놓는 습관을 기를 수 있도록 도와주세요.

✓ 완성된 작품은 아이가 원할 때까지 잘 보이는 곳에 전시하고 소중하게 다루어 주세요.

👍 이런 점이 좋아요!

책, 물컵, 공 등 생활 속 수많은 물건은 동그라미, 세모, 네모의 기본적인 도형 형태를 띠거나 기본 도형을 약간씩 변형한 형태로 만들어집니다. 동그라미, 세모, 네모를 다양하게 구성해 보며 물체의 위치와 방향, 모양을 알고 구별할 수 있습니다. 주변의 다양한 물건들을 기준에 따라 분류해 보면 생활 속에서 탐구하는 능력도 길러집니다. 직접 도형을 구성해 만들어 보면서 자신의 생각과 느낌을 창의적으로 표현하는 능력도 길러집니다. 이 놀이는 우리 주변에 있는 평면 도형과 입체 도형의 모양과 구성 요소를 이해하는 초등학교 교육 과정의 '수학'과 관련이 깊습니다. 자신의 생각과 느낌 등을 다양한 방법으로 표현하며 꾸미는 '즐거운 생활'과도 연계됩니다.

🔗 관련 유치원 교육 과정

자연 탐구	생활 속에서 탐구하기	• 물체의 위치와 방향, 모양을 알고 구별한다. • 주변에서 반복되는 규칙을 찾는다. • 일상에서 모은 자료를 기준에 따라 분류한다.
예술 경험	창의적으로 표현하기	• 다양한 미술 재료와 도구로 자신의 생각과 느낌을 표현한다.
의사소통	책과 이야기 즐기기	• 말놀이와 이야기 짓기를 즐긴다.

🐝 놀이 속으로 풍덩!

1 집에 있는 여러 종류의 종이를 동그라미, 세모, 네모로 자른 뒤 같은 모양끼리 모아 보아요.

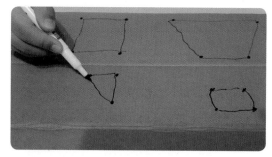

2 엄마 아빠가 점을 3개 또는 4개 찍어 주고, 점을 선으로 이어 보도록 해요.

3 선으로 이은 도형을 크레용으로 색칠해요. 크레용은 손에 잘 묻지 않으니 마음껏 칠해도 좋아요.

4 색칠한 여러 모양의 도형을 가위로 자른 뒤, 잘라 낸 도형을 이용해서 다양한 모양으로 꾸며 보아요. 택배 상자는 두꺼워서 가위로 자를 때 엄마 아빠의 도움이 필요해요.

5 도형 조각을 이용해서 그림을 그리듯 구성해 보아요. 그림 속에 어떤 이야기가 들어 있는지 가족들에게 설명해 보아요. 그림의 제목도 정해 보아요.

🎈 이렇게도 놀 수 있어요!

1️⃣ 카드 만들기

놀이에 필요한 것 여러 모양의 종이 도형, 카드 쓸 종이, 풀, 필기도구

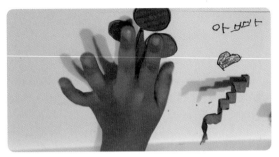 

1 우리 가족에게 하고 싶은 말을 글과 그림으로 표현해 보아요. 글자 쓰는 것은 어려울 수 있으므로 엄마 아빠의 도움을 받아요.

2 여러 모양의 종이 도형 중 원하는 것을 고른 뒤, 카드 쓸 종이에 풀로 붙여요.

3 생일 등 축하할 일이 있을 때 활용하면 좋아요.

2️⃣ 그림 보고 구성하기

놀이에 필요한 것 그림, 여러 모양의 종이 도형

1 내가 그린 그림을 보고 여러 모양의 종이 도형으로 똑같이 구성해 보아요.

2 내가 만든 작품에 대해서 설명하고, 제목도 정해 보아요.

- 제목: 꽃을 든 코끼리
- 작품 설명: 코끼리가 엄마 아빠께 꽃을 드리려고 긴 코를 이용해서 꽃을 들고 집으로 가는 중이에요.

③ 도형 이용해서 선글라스 만들기

놀이에 필요한 것 여러 모양의 종이 도형, 스카치테이프

1 여러 모양의 종이 도형으로 원하는 것을 만들어 활용해 보아요.

2 내가 만든 작품이 무엇인지, 언제 사용하면 좋은지 등에 대해서 설명해 보아요.

> • 제목: 선글라스
> • 작품 설명: 해님이 있을 때 밖에 나가면 눈이 부셔요.
>   그럴 땐 선글라스가 필요하지요. 진짜로
>   앞이 보이는 건 아니니까 조심해야 해요.

흐음~!

나의 집콕 놀이 다이어리

놀이의 결과물이나 놀이하는 모습을 사진이나 그림으로 기록해 보세요.
아이와 함께 기록해도 좋습니다.

7

콩나물
키우기

🎒 놀이에 필요한 것

(콩) (밑면에 구멍이 뚫린 용기) (어두운색 수건) (나무젓가락) (물받이 통)

✍️ 놀이 전 체크 리스트

✓ 콩나물을 먹어 본 경험, 콩나물을 키워 무엇을 하고 싶은지 등에 대해 아이와 함께 충분히 이야기 나누면 좋습니다.

✓ 콩나물 콩이 어떻게 자랄지 예측해 보도록 도와주세요.

✓ 다른 식물들도 키워 보며 그 과정을 관찰하는 것도 좋습니다.

✓ 몸에 좋은 음식에 대해서 관심을 갖는 기회가 될 수 있도록 도와주세요.

👍 이런 점이 좋아요!

씨앗에서 싹이 트는 신기하고 흥미로운 과정을 아이들이 직접 눈으로 관찰하면서 생명의 소중함을 깨닫습니다. 날씨와 계절이 식물의 성장 과정에 영향을 미치며 우리 생활과 밀접한 관련이 있다는 것도 알아 갑니다. 콩나물뿐만 아니라 양파, 대파, 마늘, 꽃씨 등 주변 식물들도 키우며 매일매일의 변화와 성장 과정을 관심 있게 관찰하다 보면 일상에 호기심을 가지고 탐구하는 힘도 생깁니다. 몸에 좋은 음식에 대해서도 알아보고 건강한 생활을 몸에 익히는 기회를 얻을 수 있습니다. 이 놀이는 일상생활 속에서 관찰하고 탐색해 보는 초등학교 교육 과정의 '슬기로운 생활'과 연결되며, 동식물에 관심을 가지고 소중함을 깨닫는 '바른 생활'과도 관련이 깊습니다.

⚙️ 관련 유치원 교육 과정

자연 탐구	탐구 과정 즐기기	• 주변 세계와 자연에 대해 지속적으로 호기심을 가진다. • 궁금한 것을 탐구하는 과정에 즐겁게 참여한다.
	자연과 더불어 살기	• 주변의 동식물에 관심을 가진다. • 생명과 자연환경을 소중히 여긴다. • 날씨와 계절의 변화를 생활과 관련짓는다.
신체 운동·건강	건강하게 생활하기	• 몸에 좋은 음식에 관심을 가지고 바른 태도로 즐겁게 먹는다. • 질병을 예방하는 방법을 알고 실천한다.

🪀 놀이 속으로 풍덩!

1 콩을 30~40분 정도 물에 담가 두어요.

2 밑면에 구멍 뚫린 용기를 준비해요.
화분도 좋아요.

3 물에 담가 두었던 콩을 용기에 담아요.

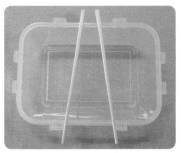

4 물받이 통 위에 나무젓가락을
올려놓아요. 물받이 통은 콩을 담은
용기보다 큰 것으로 준비해요.

5 물받이 통과 나무젓가락 위에 콩이
담긴 용기를 올려놓아요.

6 물을 한 컵 정도 주어요. 아침에
일어났을 때와 잠들기 전에 한 컵씩
주고 아침, 점심, 저녁밥을 먹을 때도
한 컵씩 주어요.

7 햇빛이 들어가지 않도록 어두운색
수건을 덮어요.

8 콩나물의 변화를 관찰하며 글이나 그림으로 기록해 보아요.

🎈 이렇게도 놀 수 있어요!

1️⃣ 재활용품을 이용해서 콩나물 키우기

놀이에 필요한 것 콩, 음료 잔, 500밀리리터 우유갑, 검정 비닐봉지, 나무젓가락, 물받이 통, 송곳

1 잘 씻어서 말린 음료 잔이나 500 밀리리터 우유갑 밑면에 송곳으로 구멍을 뚫고, 30~40분 정도 물에 담가 둔 콩을 넣어요. 물이 잘 빠지도록 구멍을 최대한 많이 뚫어요.

2 물받이 통 위에 나무젓가락을 올려놓고, 그 위에 콩이 담긴 음료 잔이나 우유갑을 올려놓아요. 물을 주기 시작하면 콩의 크기가 커지므로 꽉 채우지 않도록 해요.

3 일정한 시간마다 물을 한 컵 정도 주어요. 우유갑과 음료잔 중 하나는 검정 비닐봉지를 덮고, 나머지 하나는 그대로 둡니다.

4 빛을 보고 자란 콩나물과 그렇지 않은 콩나물이 어떻게 다른지 살펴보아요.

2️⃣ 내가 키운 콩나물로 요리하기

놀이에 필요한 것 직접 키운 콩나물, 음식 재료

내가 키워서 더 맛있어!

1 직접 키운 콩나물로 어떤 음식을 만들어 먹고 싶은지 말해 보아요. 콩나물 요리 중 하나를 정해요.

2 콩나물 다듬기 등 요리의 과정에서 아이가 할 수 있는 것은 직접 해 보도록 도와주세요.

3 만들기로 정한 콩나물 요리의 순서와 재료에 대해 이야기 나눈 뒤 음식을 만들어 보아요. 완성된 음식을 가족들과 함께 맛있게 먹어요.

③ 싹 틔우기

싹 틔우고 싶은 식물(대파, 양파, 봉선화, 채송화, 강낭콩 등), 페트병 등 재활용품, 색 테이프

1 싹을 틔우기 위해 준비한 식물들을 사진과 같이 페트병 등의 재활용품 용기에 담아요. 휴지 심을 접고 원하는 길이로 잘라 식물의 이름을 표시해 두면 좋아요.

2 양파는 1~2일에 한 번씩 물을 갈아 주고, 그 외의 것들은 물이 마르지 않도록 채워 주며, 매일매일 변화를 관찰해 보아요. 관찰한 것을 글과 그림으로 기록해요.

나의 집콕 놀이 다이어리

놀이의 결과물이나 놀이하는 모습을 사진이나 그림으로 기록해 보세요.
아이와 함께 기록해도 좋습니다.

집콕 놀이 팁

놀이하고 난 뒤 아이들 스스로 정리정돈 하는 법

유치원에서 아이들이 가장 아쉬워하는 순간은 놀이를 멈추고 정리정돈을 할 때입니다. 한 가지 놀이가 끝나고 다음 놀이를 할 때, 이전 놀잇감을 정리했으면 하는 것은 어른들의 생각일 뿐입니다. 아이들은 두 번째, 세 번째 놀이를 하다가도 첫 번째 놀이에 대한 좋은 생각이 떠오르면 첫 번째 놀이를 찾아갑니다. 놀잇감 정리를 미리 해 버리는 것은 아이들의 놀이를 방해하는 일이 될 수도 있지요.

유치원은 마냥 있을 수 있는 곳이 아니고 일정한 때가 되면 간식과 점심을 먹거나 집으로 가야 하지만 집에서는 놀이 시간을 훨씬 융통성 있게 쓸 수 있기 때문에 아이가 원하는 만큼 놀이할 수 있도록 허용해 주는 것이 좋습니다. 더 이상 정리를 하지 않으면 놀잇감에 걸려 넘어지거나 다칠 수도 있는 시점까지 인내심을 가지고 기다려 주세요. 그렇지만 결국 정리정돈을 해야 할 때가 옵니다. 이때는 아이가 만들고 있던 것을 보존해 주세요. 아이들은 자기가 만들던 것이 정리 때문에 사라지는 것을 받아들이지 못합니다. 그럴 때에는 그대로 한쪽에 두었다가 내일 이어서 만들 수 있다는 것을 아이에게 알려 주어 마음을 편안하게 해 주세요. 그리고 내일이 되면 이어서 만들도록 약속을 지켜 주는 것도 중요합니다.

정리는 일정한 장소를 정해서 하는 것이 좋습니다. 어제 가위를 정리해 둔 곳과 오늘 정리해 둘 곳이 달라지지 않아야 합니다. 다음에 그 놀이를 다시 할 때를 위해서도 필요한 일입니다. 정리정돈이 완성된 모습을 붙여 두어서 아이들이 참고할 수 있도록 하는 것도 방법입니다.

아이가 혼자 정리하는 것을 힘들어한다면 엄마 아빠와 함께 게임처럼 해 볼 수도 있습니다. 주사위를 던져 나온 숫자만큼 정리하거나 일렬로 서서 옆 사람에게 전달하며 정리하는 등 정리마저도 놀이처럼 할 수 있습니다. 엄마 아빠가 모범을 보이는 것 또한 중요합니다. 어른들이 잘 하지 않는 정리를 아이에게만 요구하면 설득력이 전혀 없습니다. 밖에서 들어올 때 현관에서 신발 정리하기, 휴대폰이나 자동차 키 등을 정해진 곳에 두기 등 부모가 먼저 행동으로 보여 주는 것이 열 번의 잔소리보다 더 효과적이고 교육적입니다.

쏙쏙 정보

내 아이에게 놀이란 _____ (이)다

많은 학자와 전문가들이 말하는 놀이, 놀이를 바라보는 인식, 다른 나라의 놀이 등을 통해 놀이의 가치와 중요성을 살펴보고 놀이에 대한 올바른 인식을 정립했다면 놀이를 통해 우리 아이를 이해하는 시간을 가져 보는 것도 좋습니다.

'놀이는 밥이다.'라는 표현이 있습니다. 밥을 먹는 것처럼 당연히 계속되어야 할 중요한 것임을 의미합니다. 이처럼 내 아이에게 놀이가 어떤 의미인지 한 줄로 기록해 보세요. 시간이 흐른 뒤 다시 놀이가 뒷전이 되더라도 아이와 함께 고민하며 한 줄로 정리한 놀이의 의미를 새로 되새길 수 있습니다.

정해진 답은 없습니다. 생각나는 것을 메모해 두고, 아이와 함께 놀이하다가 또 다른 생각이 떠오르면 추가해서 기록해 두세요. 그렇게 차곡차곡 쌓인 놀이에 대한 기록은 우리 아이를 이해하는 데 정말 많은 도움을 줄 것이고 부모로서 아이에게 어떤 조력자가 되어야 할지 알려 주는 길잡이 역할도 해 줄 것입니다.

내 아이에게 놀이란 _____ (이)다.

내 아이에게 놀이란 _____ (이)다.

내 아이에게 놀이란 _____ (이)다.

내 아이에게 놀이란 _____ (이)다.

내 아이에게 놀이란 _____ (이)다.

엄마표 집콕 놀이책

1판 1쇄 발행일 2021년 4월 30일

지은이 서정은·서정현
그린이 정다운

발행인 김학원
발행처 휴먼어린이
출판등록 제313-2006-000161호(2006년 7월 31일)
주소 (03991) 서울시 마포구 동교로23길 76(연남동)
전화 02-335-4422 **팩스** 02-334-3427
저자·독자 서비스 humanist@humanistbooks.com
홈페이지 www.humanistbooks.com
유튜브 youtube.com/user/humanistma **포스트** post.naver.com/hmcv
페이스북 facebook.com/hmcv2001 **인스타그램** @human_kids

편집주간 정미영 **편집** 박민영 **디자인** 림어소시에이션
용지 화인페이퍼 **인쇄** 삼조인쇄 **제본** 민성사

글 ⓒ 서정은·서정현, 2021

ISBN 978-89-6591-420-4 13590

도서 이미지 제공
57쪽 《세종 대왕, 한글로 겨레의 눈을 밝히다》, 마술연필 글, 이수아 그림, 보물창고
104쪽 《화가 나서 그랬어!》, 레베카 패터슨 글그림, 김경연 옮김, 현암주니어
104쪽 《눈물바다》, 서현 글그림, 사계절

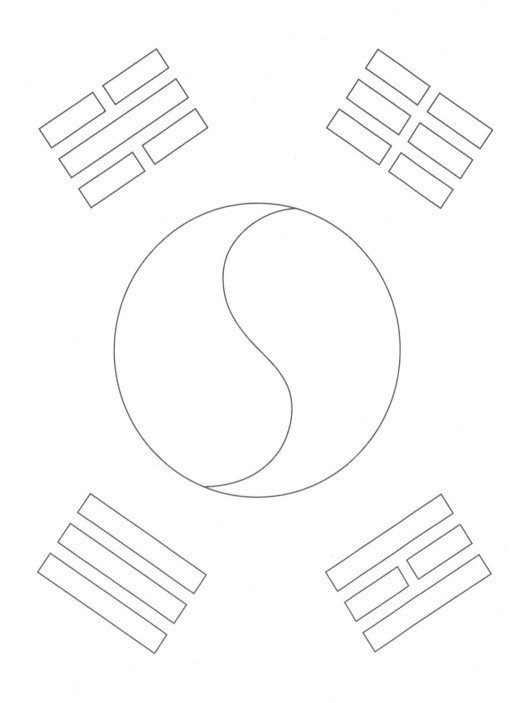

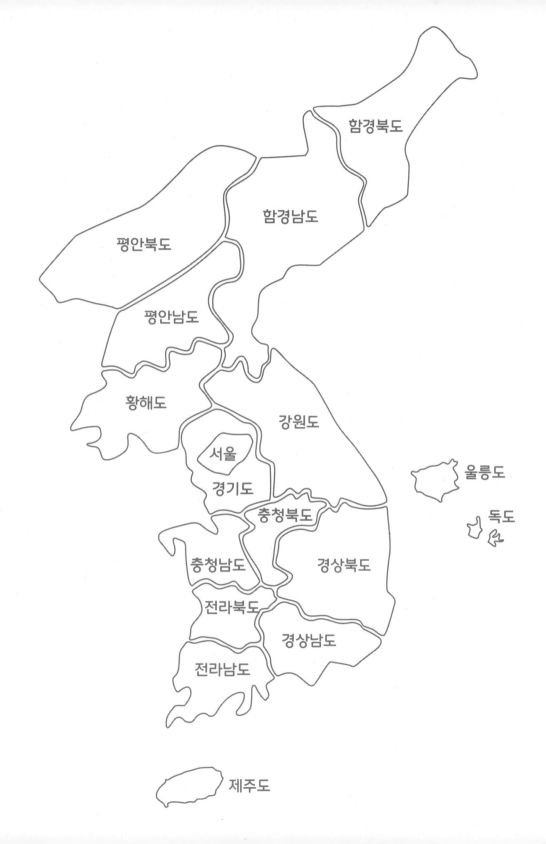